無字食譜

KOCHEN OHNE WORTE

100 einfache Gerichte für jeden Tag -
auf einen Blick erklärt

圖解一百道簡易又健康的料理，
從開胃菜、主菜到甜點、飲料，
讓你優雅地完成一桌美食

SABRINA SUE DANIELS

莎碧瑞娜·蘇·達尼爾斯 著　黃慧珍 譯

前言

说實話，要找到時間好好做一頓飯已經夠困難了，誰還會有興趣讀那種長篇大論的食譜？更別説還要去理解複雜的料理步驟了！這時候，一個圖示往往就可以取代千言萬語，因此本書就以圖説的方式，讓不喜歡和太多文字打交道的讀者也能知道，原來烹飪是這麼有趣的事。為了確保料理過程順利，以下簡短介紹書中常出現的幾個重要圖示和符號。此外，書中介紹過的每道料理都可以從第231頁起，找到對應的營養成分資訊，而且，第222頁也貼心列出每道料理的採買清單。不多説了，接下來就好好享受烹飪的樂趣吧！

圖說食譜步驟

＝料理時間＋冷卻時間或烘烤時間

＝括弧中的步驟視為一組

⋯⋯➤ ＝此步驟稍後再繼續

＝上火／下火烘烤

＝水果與蔬菜料理前務必沖洗或清潔乾淨，
必要時削皮備用

＝食材過沸水汆燙，再以冰水快速冷卻

＝翻面，且雙面煎

目錄

早餐 012

酪梨貝果 014

莧菜籽胡桃麥片 016

肉桂麵包 018

鬆餅 020

熊蔥烘蛋 022

燻鮭伴酪梨 024

烤油桃希臘優格 026

斯卑爾脫小麥玉米麵包 028

開胃菜與配菜 030

西班牙風味哈密瓜冷湯	032
椰香南瓜湯	034
紫甘藍濃湯	036
蘋果山羊奶起司開胃麵包	038
櫻桃蘿蔔酪乳冷湯	040
酥炸薩塔香料哈羅米起司	042
法蘭克福青醬	044
蘋果豆泥沾醬	046
甜菜鷹嘴豆泥	048
牛肉拉麵	050
義式香腸麵包沙拉	052
中東風味細香蔥優格起司	054

亞洲風味蒜香明蝦 056

亞洲風味小扁豆湯 058

熊蔥辮子脆餅 060

戈貢佐拉乳酪烤香梨 062

小魚餅 064

辣味芒果鷹嘴豆沙拉 066

香煎菊苣根搭戈貢佐拉乳酪醬 068

焗烤包餡大蘑菇 070

胡桃南瓜鑲蘑菇 072

鮪魚橄欖沙拉 074

綠番茄國王餅 076

賽拉諾火腿捲綠蘆筍 078

葡萄沙拉佐帕瑪森起司醬 080

焙烤四季豆馬鈴薯 082

速成蒜香烤餅 ………………………………………………… 084

馬鈴薯餅 …………………………………………………… 086

櫛瓜奶油濃湯 ……………………………………………… 088

照燒花椰菜 ………………………………………………… 090

茴香葡萄柚沙拉 …………………………………………… 092

丹麥風味馬鈴薯小點心 …………………………………… 094

菠菜芒果牛肉沙拉 ………………………………………… 096

旋轉薯塔佐香草奶油 ……………………………………… 098

夾心康門貝爾起司伴香草沙拉 …………………………… 100

焗烤地瓜佐庫斯庫斯和紫甘藍 …………………………… 102

南瓜麵包 …………………………………………………… 104

酪梨醬香甜菜根薄片 ……………………………………… 106

鮭魚芝麻菜捲餅 …………………………………………… 108

香燉胡蘿蔔小扁豆配荷包蛋 ……………………………… 110

酪梨芒果明蝦沙拉 ………………………………………… 112

印度芝麻菜烤餅佐油桃 116

亞洲風味蝦仁炒飯 118

蒜苗鹹派 120

紐奧良風味香烤雞腿 122

花椰菜拌飯 124

肉丸南瓜泥 126

綠葉扇貝魚湯 128

熊蔥腰果醬鮭魚排 130

雞胸肉裹馬齒莧與番茄 132

花生地瓜咖哩湯 134

柳橙荷蘭豆塔布勒沙拉 136

香烤帕瑪森起司櫛瓜 138

燈籠果番茄醬 140

香煎西班牙小青椒佐香腸醬汁 142

綠蘆筍手撕鮭魚堡 144

牛排佐白腎豆莎莎青醬 146

甜菜根鮭魚配辣根醬 148

花生醬香沙嗲串 150

洋牛蒡泥佐香煎蘑菇 152

香菇燉全穀大麥 154

炒肉醬漢堡 156

全穀大麥蘆筍鍋 158

鮭魚菠菜義大利麵 160

北非風味菠菜燉鍋 162

茄汁高麗菜捲 164

中東風味地瓜丸子 166

焗烤綠花椰義大利麵餃 168

菠菜荷蘭醬烤扇貝 170

炸餛飩 172

土耳其式菠菜尤夫卡餅小點 174

櫛瓜碎肉義式麵鍋 176

朝鮮薊起司三明治 178

點心   180

櫻桃巧克力瑪芬 182

奶酥百里香草莓點心杯 184

翻轉焦糖蘋果塔 186

法式吐司 188

巧克力脆片餅乾冰淇淋三明治 190

麥片草莓冰淇淋 192

大黃巧克力瑪芬 194

焗烤覆盆子布里歐麵包 196

花生焦糖冰棒 198

百香果起司蛋糕 200

夏日甜心春捲 202

夢幻草莓餅乾點心 204

莓果塔 206

巧克力慕斯 208

飲料 210

巧克力熱飲 212

草莓摩希多特調飲 214

莫斯科騾子 216

西瓜羅勒調酒 218

附錄 220

食材列表 222

營養成分表 231

早餐

酪梨貝果

15
分鐘

兩份

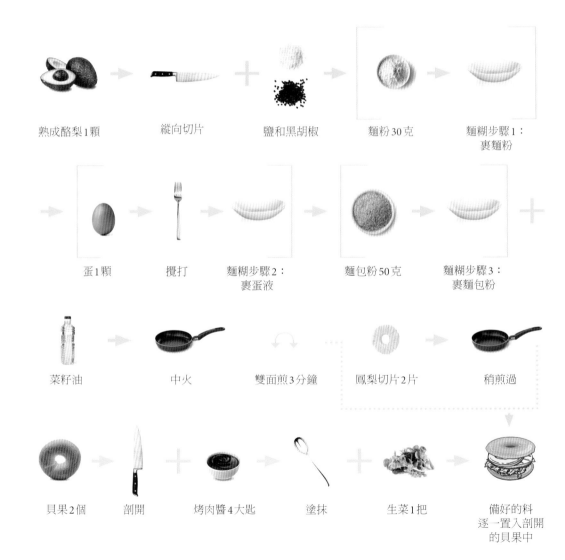

熟成酪梨1顆　　縱向切片　　鹽和黑胡椒　　麵粉30克　　麵糊步驟1：
　　　　　　　　　　　　　　　　　　　　　　　　　　　　裹麵粉

蛋1顆　　攪打　　麵糊步驟2：　　麵包粉50克　　麵糊步驟3：
　　　　　　　　裹蛋液　　　　　　　　　　　　裹麵包粉

菜籽油　　中火　　雙面煎3分鐘　　鳳梨切片2片　　稍煎過

貝果2個　　剖開　　烤肉醬4大匙　　塗抹　　生菜1把　　備好的料
　　　　　　　　　　　　　　　　　　　　　　　　　　逐一置入剖開
　　　　　　　　　　　　　　　　　　　　　　　　　　的貝果中

莧菜籽胡桃麥片

 45 分鐘　 15 分鐘　共7份，每份50克

預熱175°C

 椰子油25克

 楓糖漿75毫升

稍加熱

胡桃100克

焙烤鹽味夏威夷豆50克

切碎成大顆粒狀

 燕麥片125克

 莧菜籽米花40克

 肉桂粉1小匙

肉豆蔻粉1小撮

多香果1小撮

 加入所有材料拌勻

 準備烤盤

 烘焙紙

 烘烤15分鐘

早餐

肉桂麵包

30 分鐘　　45 分鐘　　20 分鐘　　共15份

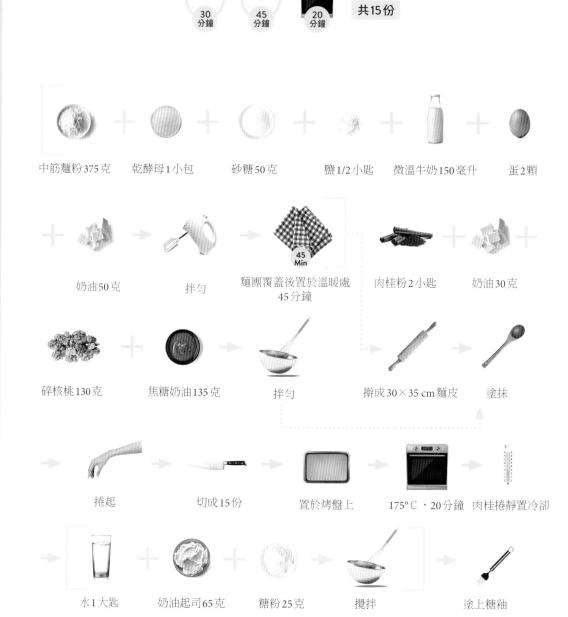

中筋麵粉 375 克　　乾酵母 1 小包　　砂糖 50 克　　鹽 1/2 小匙　　微溫牛奶 150 毫升　　蛋 2 顆

奶油 50 克　　拌勻　　麵團覆蓋後置於溫暖處 45 分鐘　　肉桂粉 2 小匙　　奶油 30 克

碎核桃 130 克　　焦糖奶油 135 克　　拌勻　　擀成 30×35 cm 麵皮　　塗抹

捲起　　切成 15 份　　置於烤盤上　　175°C，20 分鐘　　肉桂捲靜置冷卻

水 1 大匙　　奶油起司 65 克　　糖粉 25 克　　攪拌　　塗上糖釉

早餐

鬆餅

15
分鐘

18 份

斯卑爾脫小麥粉100克 + 鹽1小撮 + 泡打粉1/2小包 + 糖粉25克

拌勻 + 蛋1顆 + 牛奶150毫升 → 拌勻

菜籽油 → 中火 → 麵團分批放入鍋中 → 鬆餅兩面煎熟

熊蔥烘蛋

20 分鐘　2份

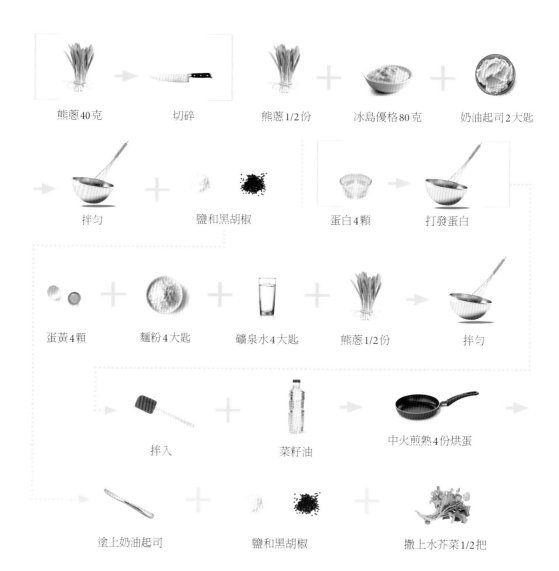

熊蔥40克　切碎　熊蔥1/2份　冰島優格80克　奶油起司2大匙

拌勻　鹽和黑胡椒　蛋白4顆　打發蛋白

蛋黃4顆　麵粉4大匙　礦泉水4大匙　熊蔥1/2份　拌勻

拌入　菜籽油　中火煎熟4份烘蛋

塗上奶油起司　鹽和黑胡椒　撒上水芥菜1/2把

早餐

燻鮭伴酪梨

10分鐘　20分鐘　4份

200°C 預熱　　　酪梨2顆　　　剖半、去皮　　　菜籽油1大匙　　　備好烤盤

萊姆1/2顆榨汁　　　淋上　　　蛋4顆　　　將蛋打入剖半的酪梨中

20分鐘　　　燻鮭魚100克　　　青蔥2株　　　切末

鹽　　　彩色胡椒

24

早餐

烤油桃希臘優格

15
分鐘　　2份

油桃2顆

切成8等分

菜籽油1小匙

中火3～4分鐘

希臘優格300克

楓糖漿4大匙

麥片60克
（例如第8頁的
莧菜籽胡桃麥片）

薄荷葉

斯卑爾脫小麥玉米麵包

20 分鐘　　12 小時　　1 小時

1個麵包

 + + + →

斯卑爾脫小麥粉　　玉米粉75克　　乾酵母1小包　　鹽1小匙　　拌勻
350克

+  +   → →

溫水300毫升　　甜菜根糖漿　　拌勻　　攪拌　　麵團於溫暖處
2小匙　　　　　　　　　　　　　　　靜置發酵12小時

  → + →

230°C 預熱　　奶油少許　　直徑20公分　　綜合種子　　30分鐘
為烤模抹油　　加蓋圓模　　1大匙

 →

取出上蓋　　210°C
烤20～30分鐘

早餐

開胃菜與配菜

西班牙風味哈密瓜冷湯

15 分鐘　　2份

哈密瓜600克　　　　　　橘色甜椒1/2顆　　　　　　切丁

番茄汁100毫升　　　　　冰塊1把　　　　　　　　塔巴斯科辣醬2滴

鹽　　　　　　　黑胡椒　　　　　　哈密瓜150克　　　　挖成球形

薄荷葉　　　　菲達起司60克　　　核桃30克　　　切成大顆粒狀

椰香南瓜湯

 45 分鐘　　4份

 預熱200°C

 栗子南瓜750克

 紅洋蔥1顆

 切丁

 備好烘焙紙

 備好烤盤

 橄欖油1大匙

 20～25分鐘

 椰漿200毫升

 蔬菜高湯 300毫升

 煮沸

 打成泥

 咖哩粉1小匙

 薑黃粉1/4小匙

 鹽

 黑胡椒

 置入湯碗中

 南瓜籽油2大匙

 南瓜籽1大匙

開胃菜與配菜

紫甘藍濃湯

25分鐘　　4份

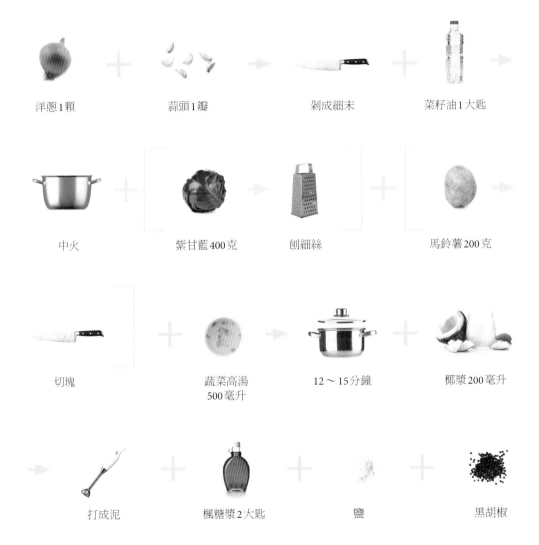

洋蔥1顆　　蒜頭1瓣　　剁成細末　　菜籽油1大匙

中火　　紫甘藍400克　　刨細絲　　馬鈴薯200克

切塊　　蔬菜高湯500毫升　　12～15分鐘　　椰漿200毫升

打成泥　　楓糖漿2大匙　　鹽　　黑胡椒

開胃菜與配菜

蘋果山羊奶起司開胃麵包

20 分鐘

2份

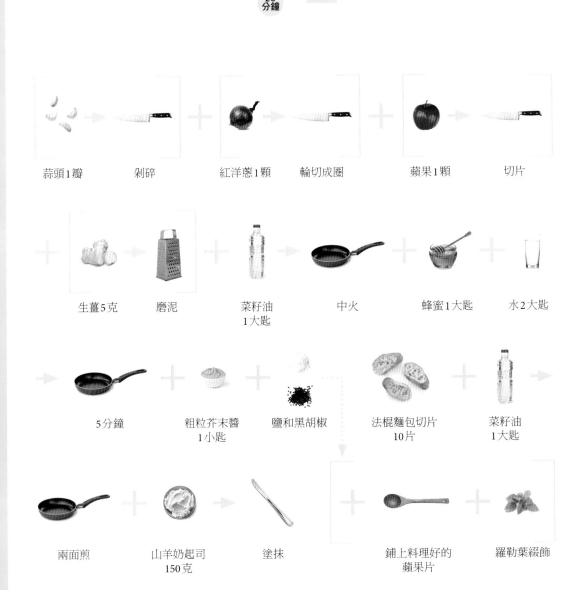

蒜頭1瓣　　剁碎　　　紅洋蔥1顆　　輪切成圈　　蘋果1顆　　切片

生薑5克　　磨泥　　　菜籽油
　　　　　　　　　　　1大匙　　中火　　　蜂蜜1大匙　　水2大匙

5分鐘　　　粗粒芥末醬　　鹽和黑胡椒　　法棍麵包切片　　菜籽油
　　　　　　1小匙　　　　　　　　　　　　10片　　　　　1大匙

兩面煎　　　山羊奶起司　　塗抹　　　　鋪上料理好的　　羅勒葉綴飾
　　　　　　150克　　　　　　　　　　蘋果片

櫻桃蘿蔔酪乳冷湯

20 分鐘   2份

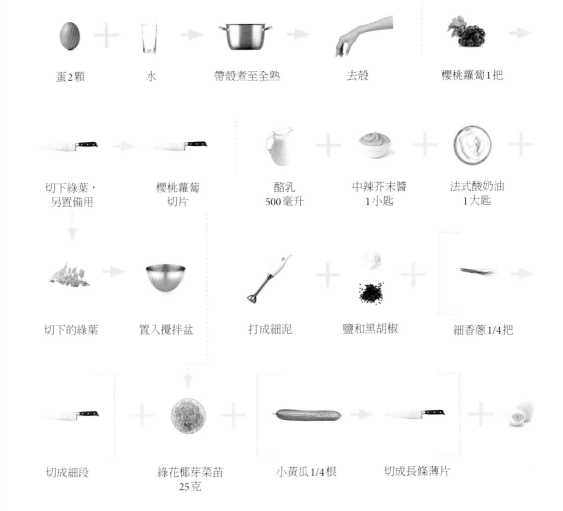

蛋2顆　　　　水　　　　帶殼煮至全熟　　　去殼　　　　櫻桃蘿蔔1把

切下綠葉，　　櫻桃蘿蔔　　酪乳　　　　中辣芥末醬　　法式酸奶油
另置備用　　　切片　　　　500毫升　　　1小匙　　　　1大匙

切下的綠葉　　置入攪拌盆　　打成細泥　　鹽和黑胡椒　　細香蔥1/4把

切成細段　　　綠花椰芽菜苗　　小黃瓜1/4根　　切成長條薄片
　　　　　　　25克

40

酥炸薩塔香料哈羅米起司

20 分鐘

2份

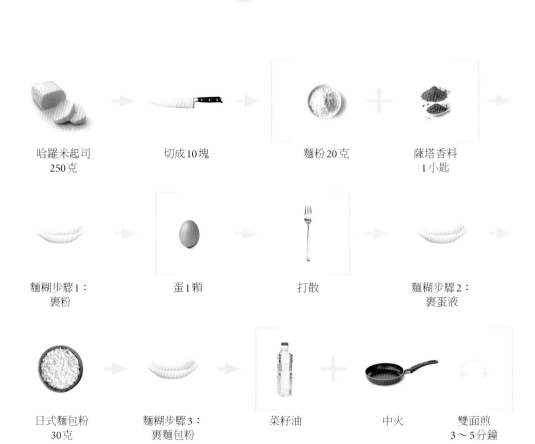

哈羅米起司
250克

切成10塊

麵粉20克

薩塔香料
1小匙

麵糊步驟1：
裹粉

蛋1顆

打散

麵糊步驟2：
裹蛋液

日式麵包粉
30克

麵糊步驟3：
裹麵包粉

菜籽油

中火

雙面煎
3～5分鐘

撒上洋香芹

開胃菜與配菜

法蘭克福青醬

20
分鐘   2份

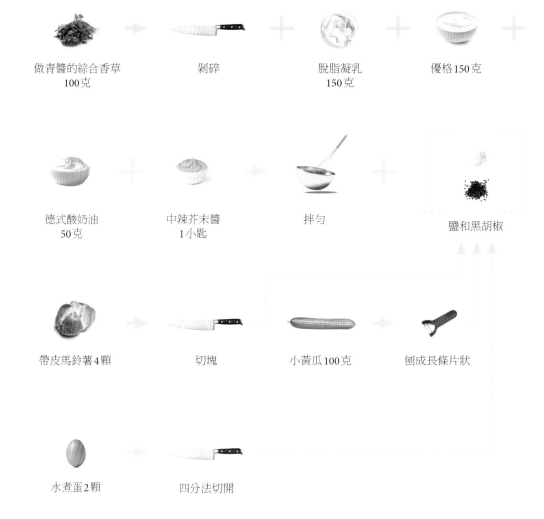

做青醬的綜合香草 100克	剁碎	脫脂凝乳 150克	優格150克

德式酸奶油 50克	中辣芥末醬 1小匙	拌勻	鹽和黑胡椒

帶皮馬鈴薯4顆	切塊	小黃瓜100克	刨成長條片狀

水煮蛋2顆	四分法切開

蘋果豆泥沾醬

15 分鐘　4份

菜籽油 + 紅洋蔥1顆 + 蒜頭1瓣 → 剁碎 + 帶皮蘋果 1/2顆

→ 切塊 → 中火3分鐘 + 甜椒粉1小匙 + 咖哩粉1小匙

+ 孜然粉 1/2小匙 + 哈里薩辣醬 1/4小匙 → 稍微煮過 + 白腎豆200克 （若取自罐頭，則以 瀝乾後130克計）

→ 置入攪拌盆 → 打成細泥 + 鹽和黑胡椒 + 洋香芹2枝 → 剁碎

開胃菜與配菜

甜菜鷹嘴豆泥

10
分鐘

4份

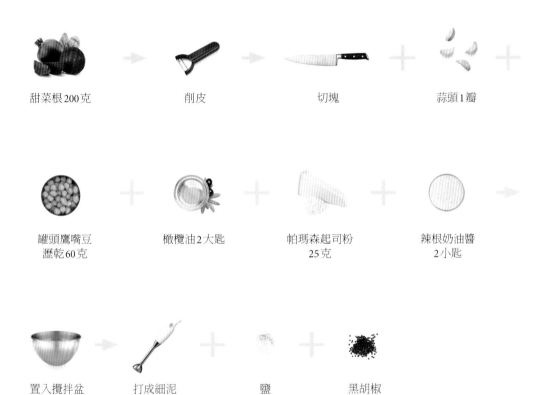

甜菜根200克 → 削皮 → 切塊 + 蒜頭1瓣 +

罐頭鷹嘴豆
瀝乾60克 + 橄欖油2大匙 + 帕瑪森起司粉
25克 + 辣根奶油醬
2小匙 →

置入攪拌盆 → 打成細泥 + 鹽 + 黑胡椒

48

牛肉拉麵

15
分鐘

2分

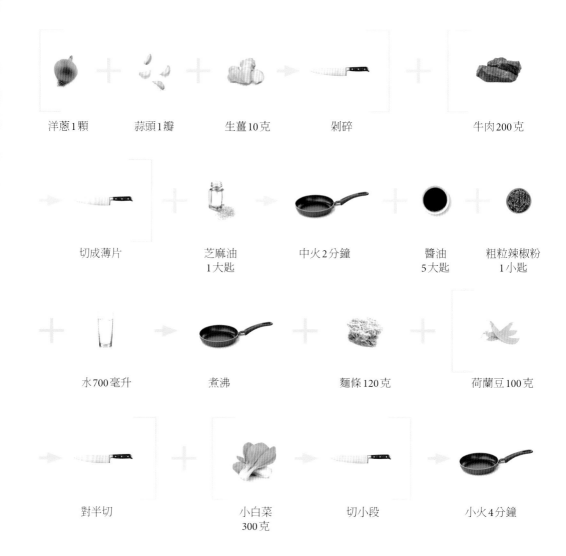

| 洋蔥1顆 | 蒜頭1瓣 | 生薑10克 | 剁碎 | 牛肉200克 |

| 切成薄片 | 芝麻油
1大匙 | 中火2分鐘 | 醬油
5大匙 | 粗粒辣椒粉
1小匙 |

| 水700毫升 | 煮沸 | 麵條120克 | 荷蘭豆100克 |

| 對半切 | 小白菜
300克 | 切小段 | 小火4分鐘 |

開胃菜與配菜

義式香腸麵包沙拉

15 分鐘　　2份

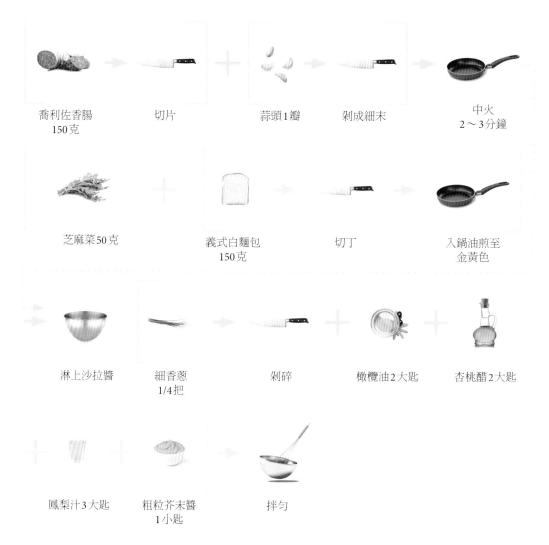

喬利佐香腸 150克　　切片　　蒜頭1瓣　　剁成細末　　中火 2～3分鐘

芝麻菜50克　　義式白麵包 150克　　切丁　　入鍋油煎至 金黃色

淋上沙拉醬　　細香蔥 1/4把　　剁碎　　橄欖油2大匙　　杏桃醋2大匙

鳳梨汁3大匙　　粗粒芥末醬 1小匙　　拌勻

中東風味細香蔥優格起司

10 分鐘　　2 天　　**4 份**

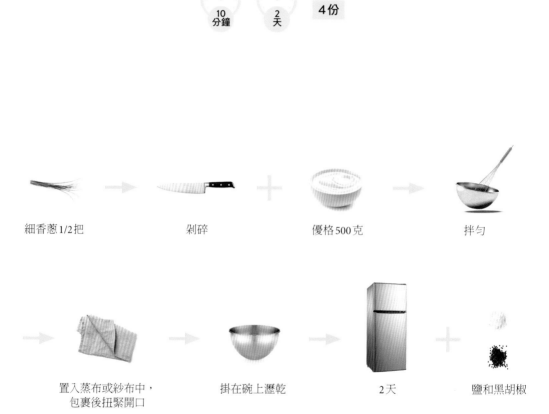

細香蔥1/2把　　　　　剁碎　　　　　優格500克　　　　　拌勻

置入蒸布或紗布中，　　掛在碗上瀝乾　　　　2天　　　　鹽和黑胡椒
包裹後扭緊開口

開胃菜與配菜

亞洲風味蒜香明蝦

15
分鐘

2份

海蘆筍（海蓬子）
100克

水

汆燙2分鐘

瀝乾水分

芝麻油1大匙

蒜頭2瓣

剁碎

紅辣椒1根

輪切成細圈

可直接料理的
冷凍明蝦300克

中火3分鐘

黑胡椒

亞洲風味小扁豆湯

25
分鐘

4份

洋蔥1顆 　　 蒜頭1瓣 　　 剁碎 　　 菜籽油 　　 中溫加熱 　　 哈里薩辣醬
　　　　　　　　　　　　　　　　　　　　 1大匙 　　 2分鐘 　　 2小匙

甜椒粉 　　 番茄泥 　　 孜然粉 　　 多香果粉 　　 過油爆香
2小匙 　　 3大匙 　　 1小匙 　　 1/4小匙

熟小扁豆800克 　　 蔬菜高湯 　　 胡蘿蔔2根 　　 去皮 　　 切丁
（可用罐頭小扁豆） 250毫升

中火 　　 青蔥4株 　　 輪切成細蔥花 　　 洋香芹 　　 剁碎
12～15分鐘 　　　　　　　　　　　　　　　 1/4把

開胃菜與配菜

熊蔥辮子脆餅

 20 分鐘　 6 分鐘　10 份

烤箱以燒烤
模式預熱

熊蔥100克

+

橄欖油50毫升

+

胡桃25克

打泥

+

鹽和黑胡椒

披薩餅皮
400克

擀成
24×36公分

塗抹在餅皮上

將餅皮折疊

切成10長條

將長條狀麵團
捲成螺旋狀

+

撒上黑芝麻
1小匙

備好烘焙紙

+

備好烤盤

5～6分鐘

戈貢佐拉乳酪烤香梨

35 分鐘　　25 分鐘　　2份

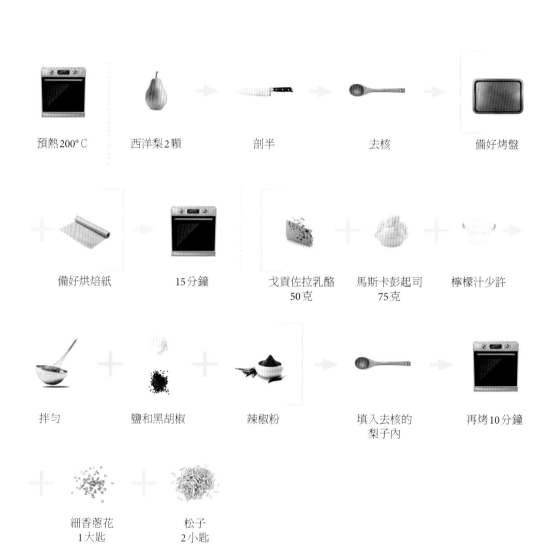

預熱200°C　　西洋梨2顆　　剖半　　去核　　備好烤盤

備好烘焙紙　　15分鐘　　戈貢佐拉乳酪 50克　　馬斯卡彭起司 75克　　檸檬汁少許

拌勻　　鹽和黑胡椒　　辣椒粉　　填入去核的 梨子內　　再烤10分鐘

細香蔥花 1大匙　　松子 2小匙

小魚餅

30
分鐘　　9份

馬鈴薯
200克　　　去皮　　　　　水　　　　　鹽　　　中火煮10分鐘

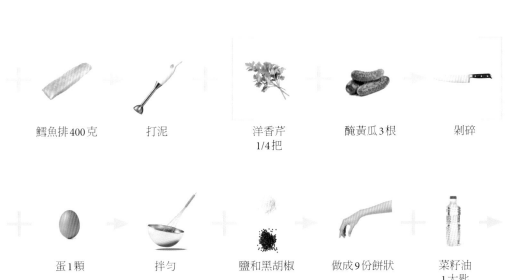

鱈魚排400克　　打泥　　　　洋香芹　　　醃黃瓜3根　　剁碎
　　　　　　　　　　　　　　1/4把

蛋1顆　　　　拌勻　　　鹽和黑胡椒　　做成9份餅狀　　菜籽油
　　　　　　　　　　　　　　　　　　　　　　　　　　1大匙

中火8～10分鐘　　兩面煎熟

辣味芒果鷹嘴豆沙拉

15
分鐘

2份

水煮蛋2顆　　四分法切開　　　　　青蔥2株　　　切成細蔥花

芒果1/2顆　　切丁　　瀝乾的鷹嘴豆　　玉米粒125克　　水芥菜50克
　　　　　　　　　　240克　　　（使用罐頭玉米）
　　　　　　　　（罐頭鷹嘴豆）

置入攪拌盆　　淋上醬汁　　鹽和黑胡椒　　美乃滋　　泰式甜辣醬
　　　　　　　　　　　　　　　　　　　　50克　　　1小匙

拌勻

香煎菊苣根搭戈貢佐拉乳酪醬

20 分鐘

2份

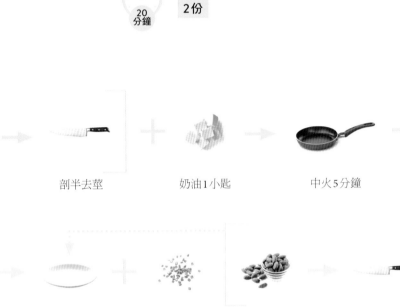

菊苣根2株 　　剖半去莖 　　　　奶油1小匙 　　　　中火5分鐘

兩面煎過 　　菊苣根與醬汁 　　撒上細香蔥花 　　杏仁30克 　　剁碎
　　　　　　先後置入盤中 　　　2大匙

煎至金黃 　　鮮奶油50毫升 　　牛奶100毫升 　　戈貢佐拉乳酪
　　　　　　　　　　　　　　　　　　　　　　　　　50克

稍微煮開 　　鹽和黑胡椒

焗烤包餡大蘑菇

20 分鐘

20 分鐘

2 份

預熱180°C

大蘑菇4朵

取下蒂頭，
蒂頭剁碎備用

蔬菜高湯
160毫升

煮沸

布格麥80克

小火燉煮
7分鐘

紅洋蔥1顆

剁碎

橄欖油1大匙

奶油起司
1大匙

拌勻

鹽和黑胡椒

蘑菇擺放在
烤盤上

填上餡料

撒上切達起司粉
25克

20分鐘

細香蔥
1/4把

切成細蔥花，
撒在蘑菇上

胡桃南瓜鑲蘑菇

20分鐘　　50分鐘　　2份

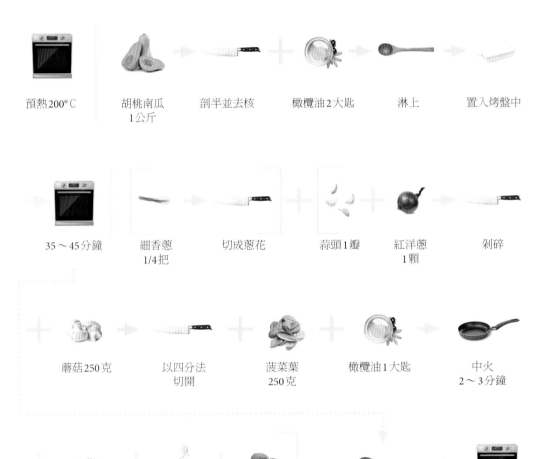

預熱200°C　胡桃南瓜 1公斤　剖半並去核　橄欖油2大匙　淋上　置入烤盤中

35～45分鐘　細香蔥 1/4把　切成蔥花　蒜頭1瓣　紅洋蔥 1顆　剁碎

蘑菇250克　以四分法切開　菠菜葉 250克　橄欖油1大匙　中火 2～3分鐘

德式酸奶油 150克　鹽和黑胡椒　肉豆蔻粉　填入南瓜中　10分鐘

鮪魚橄欖沙拉

20 分鐘　　2份

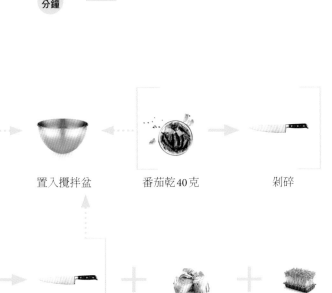

| 義大利麵條 100克 | 煮至7分熟 | 置入攪拌盆 | 番茄乾40克 | 剁碎 |

| 小番茄200克 | 黑橄欖 60克 | 切半 | 瀝乾的罐頭鮪魚 140克 | 苜蓿芽 1/2把 |

| 青醬 2大匙 | 檸檬1/2顆榨汁 | 混勻 | 鹽 | 黑胡椒 |

綠番茄國王餅

20 分鐘　25 分鐘　1份

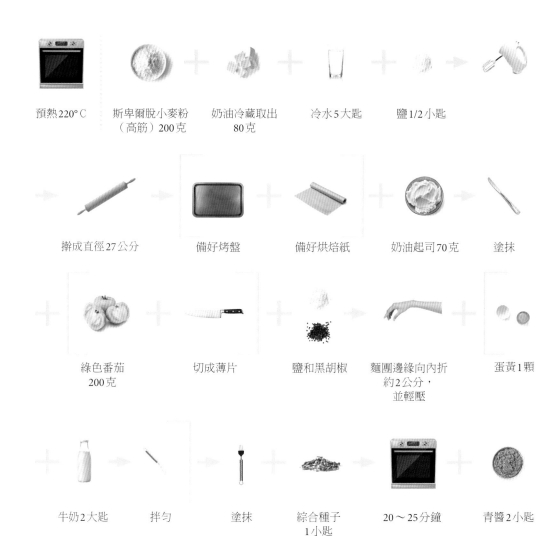

預熱220°C

斯卑爾脫小麥粉（高筋）200克

奶油冷藏取出 80克

冷水5大匙

鹽1/2小匙

擀成直徑27公分

備好烤盤

備好烘焙紙

奶油起司70克

塗抹

綠色番茄 200克

切成薄片

鹽和黑胡椒

麵團邊緣向內折約2公分，並輕壓

蛋黃1顆

牛奶2大匙

拌勻

塗抹

綜合種子 1小匙

20～25分鐘

青醬2小匙

賽拉諾火腿捲綠蘆筍

20
分鐘

2份

綠蘆筍12枝　　　　水　　　　汆燙3分鐘　　　西班牙賽拉諾　　　每片火腿
　　　　　　　　　　　　　　　　　　　　　　 火腿6片　　　　包裹2枝綠蘆筍

菜籽油　　　中火2～3分鐘　　　帕瑪森起司　　　櫻桃蘿蔔6顆　　　剁碎
1小匙　　　　　　　　　　　　 刨薄片1大匙

青醬2小匙　　　　拌勻

葡萄沙拉佐帕瑪森起司醬

10
分鐘

2份

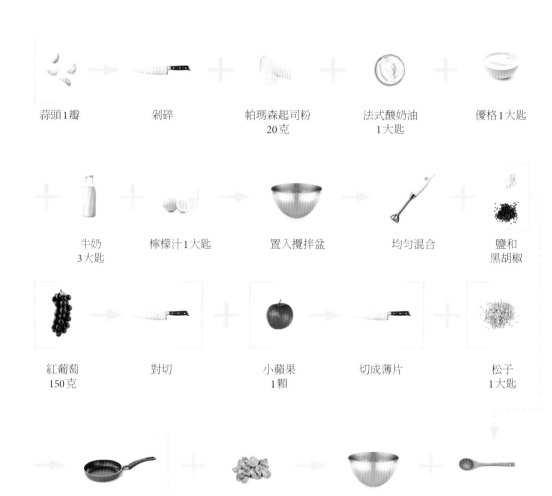

蒜頭1瓣 → 剁碎 + 帕瑪森起司粉
20克 + 法式酸奶油
1大匙 + 優格1大匙

+ 牛奶
3大匙 + 檸檬汁1大匙 → 置入攪拌盆 → 均勻混合 + 鹽和
黑胡椒

紅葡萄
150克 → 對切 + 小蘋果
1顆 → 切成薄片 + 松子
1大匙

→ 煎至金黃 + 羊萵苣250克 → 置入攪拌盆 + 淋上醬汁

焙烤四季豆馬鈴薯

 10 分鐘　 30 分鐘　2份

 預熱 200° C ⋯⋯ 馬鈴薯 350 克 → 刨成薄片 ＋ 四季豆 200 克 ＋ 青醬 2 大匙

→  拌勻 → 備好烤盤 ＋  備好烘焙紙 → 25～30 分鐘 ＋ 鹽和黑胡椒

開胃菜與配菜

速成蒜香烤餅

10
分鐘

4份

 +  + +  →

斯卑爾脫小麥粉
（高筋）200克

泡打粉2小匙

砂糖1小撮

鹽1/4小匙

拌勻

+  →  →

優格160克

攪拌

做成4個
直徑15公分的餅皮

1分鐘

兩面煎

 + →  + →

蒜頭1瓣

洋香芹
2枝

剁碎

橄欖油2大匙

拌勻

 +

塗抹

鹽和黑胡椒

馬鈴薯餅

50
分鐘

6份

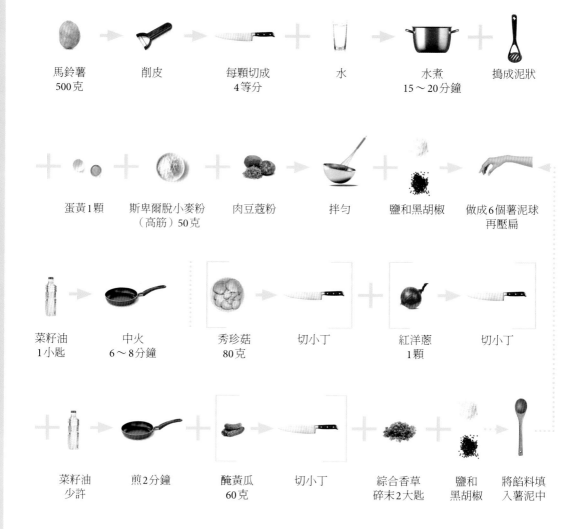

馬鈴薯
500克

削皮

每顆切成
4等分

水

水煮
15～20分鐘

搗成泥狀

蛋黃1顆

斯卑爾脫小麥粉
（高筋）50克

肉豆蔻粉

拌勻

鹽和黑胡椒

做成6個薯泥球
再壓扁

菜籽油
1小匙

中火
6～8分鐘

秀珍菇
80克

切小丁

紅洋蔥
1顆

切小丁

菜籽油
少許

煎2分鐘

醃黃瓜
60克

切小丁

綜合香草
碎末2大匙

鹽和
黑胡椒

將餡料填
入薯泥中

櫛瓜奶油濃湯

25
分鐘　　4份

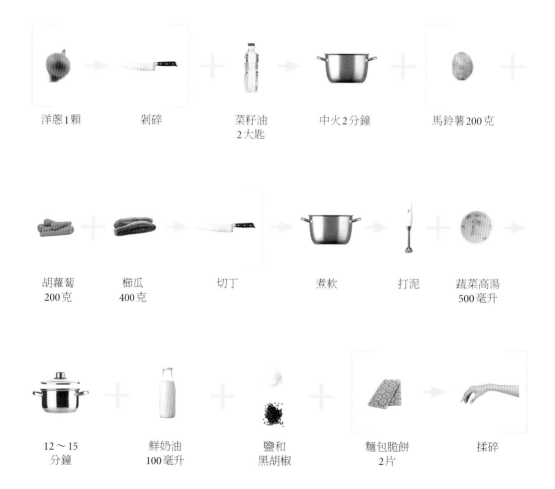

洋蔥1顆　　剁碎　　菜籽油
2大匙　　中火2分鐘　　馬鈴薯200克

胡蘿蔔
200克　　櫛瓜
400克　　切丁　　煮軟　　打泥　　蔬菜高湯
500毫升

12～15
分鐘　　鮮奶油
100毫升　　鹽和
黑胡椒　　麵包脆餅
2片　　揉碎

照燒花椰菜

20 分鐘　30 分鐘　2份

預熱200°C　白花椰菜 280克　蛋1顆　甜椒粉1小匙　薑黃粉 1/2小匙　鹽和黑胡椒

裝入冷凍袋內　日式麵包粉 25克　搖勻　備好烤盤　備好烘焙紙　30分鐘

白芝麻2小匙　青蔥2株　切成細蔥花　蒜頭1瓣　剁碎　醬油 50毫升

味醂50毫升　米醋1大匙　蔗糖3大匙　中火熬煮 5～8分鐘 收汁　置入醬汁中 拌勻

90

開胃菜與配菜

茴香葡萄柚沙拉

15
分鐘

2份

茴香球莖
200克

刨成條狀

紅葡萄柚
1顆

去籽、去皮、
取果肉

菠菜葉
50克

淋上醬汁

葡萄柚汁
5大匙

橄欖油
1大匙

蜂蜜
1小匙

甜芥末
1小匙

鹽和黑胡椒

拌勻

開胃菜與配菜

丹麥風味馬鈴薯小點心

20
分鐘

2份

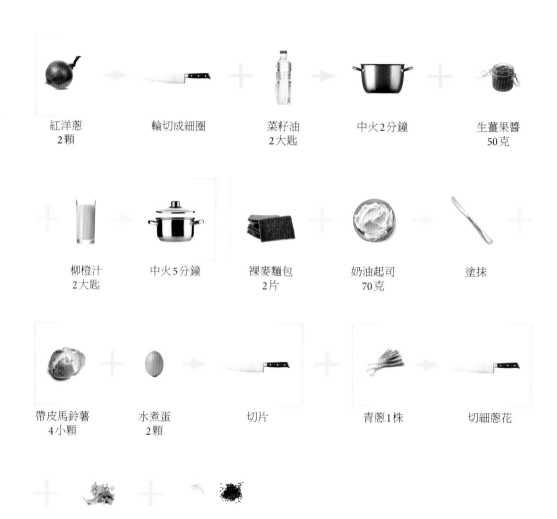

紅洋蔥 2顆	輪切成細圈	菜籽油 2大匙	中火2分鐘	生薑果醬 50克

柳橙汁 2大匙	中火5分鐘	裸麥麵包 2片	奶油起司 70克	塗抹

帶皮馬鈴薯 4小顆	水煮蛋 2顆	切片	青蔥1株	切細蔥花

水芥菜 2大匙	鹽和黑胡椒

菠菜芒果牛肉沙拉

15 分鐘　2份

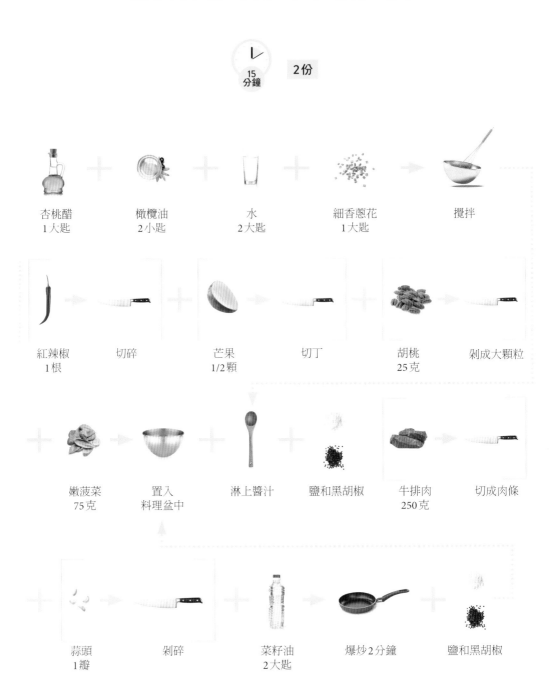

杏桃醋
1大匙
＋
橄欖油
2小匙
＋
水
2大匙
＋
細香蔥花
1大匙
➜
攪拌

紅辣椒
1根
➜
切碎
＋
芒果
1/2顆
➜
切丁
＋
胡桃
25克
➜
剁成大顆粒

＋
嫩菠菜
75克
➜
置入
料理盆中
＋
淋上醬汁
＋
鹽和黑胡椒
牛排肉
250克
➜
切成肉條

＋
蒜頭
1瓣
➜
剁碎
＋
菜籽油
2大匙
➜
爆炒2分鐘
＋
鹽和黑胡椒

旋轉薯塔佐香草奶油

15 分鐘　35 分鐘　4份

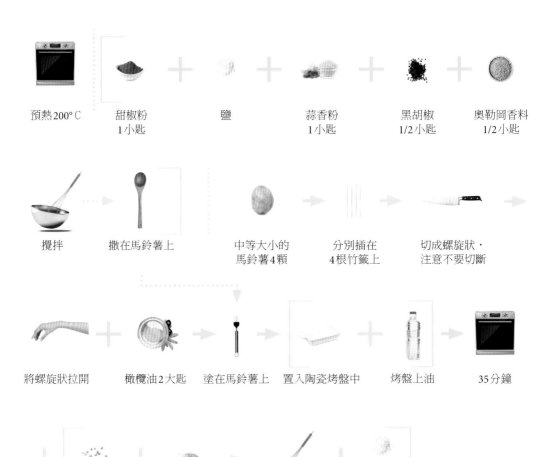

預熱200°C

甜椒粉
1小匙

＋

鹽

＋

蒜香粉
1小匙

＋

黑胡椒
1/2小匙

＋

奧勒岡香料
1/2小匙

攪拌

撒在馬鈴薯上

中等大小的
馬鈴薯4顆

分別插在
4根竹籤上

切成螺旋狀，
注意不要切斷

將螺旋狀拉開

＋

橄欖油2大匙

塗在馬鈴薯上

置入陶瓷烤盤中

＋

烤盤上油

35分鐘

＋

細香蔥花
1大匙

＋

酸奶油
100克

攪拌

＋

鹽和黑胡椒

夾心康門貝爾起司伴香草沙拉

20 分鐘　2份

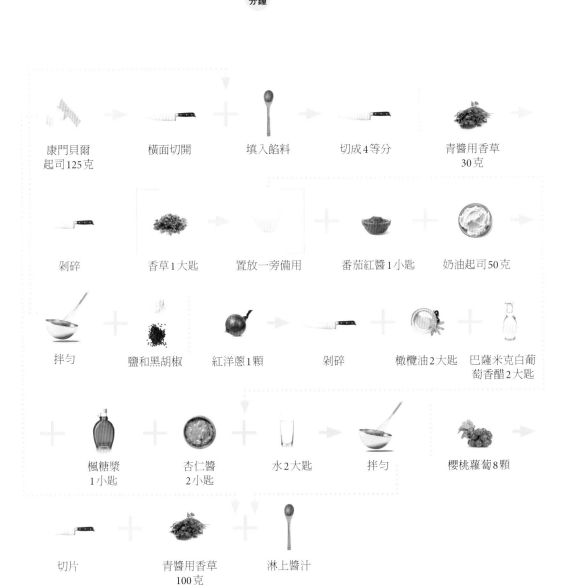

康門貝爾起司125克 → 橫面切開 ＋ 填入餡料 → 切成4等分 ＋ 青醬用香草30克 →

剁碎 → 香草1大匙 → 置放一旁備用 ＋ 番茄紅醬1小匙 ＋ 奶油起司50克 →

拌勻 ＋ 鹽和黑胡椒 　紅洋蔥1顆 → 剁碎 ＋ 橄欖油2大匙 ＋ 巴薩米克白葡萄香醋2大匙

＋ 楓糖漿1小匙 ＋ 杏仁醬2小匙 ＋ 水2大匙 → 拌勻 　櫻桃蘿蔔8顆 →

切片 ＋ 青醬用香草100克 ＋ 淋上醬汁

焗烤地瓜佐庫斯庫斯和紫甘藍

30
分鐘

60
分鐘

2份

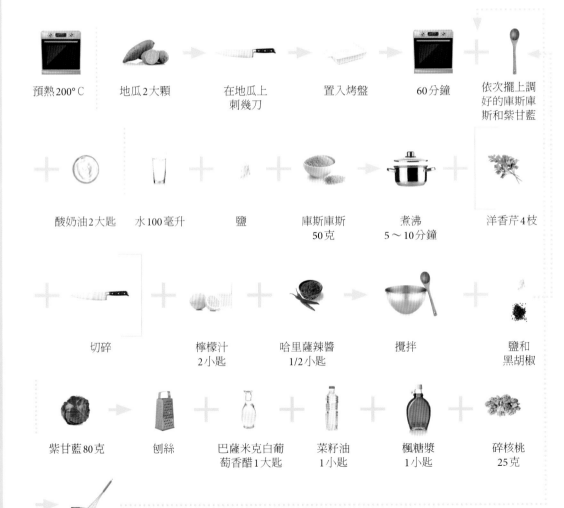

預熱200°C

地瓜2大顆

在地瓜上
刺幾刀

置入烤盤

60分鐘

依次擺上調
好的庫斯庫
斯和紫甘藍

酸奶油2大匙

水100毫升

鹽

庫斯庫斯
50克

煮沸
5～10分鐘

洋香芹4枝

切碎

檸檬汁
2小匙

哈里薩辣醬
1/2小匙

攪拌

鹽和
黑胡椒

紫甘藍80克

刨絲

巴薩米克白葡
萄香醋1大匙

菜籽油
1小匙

楓糖漿
1小匙

碎核桃
25克

拌勻

南瓜麵包

 45 分鐘   40 分鐘 **8份**

預熱200° C → 栗子南瓜 250克 → 切塊 → 備好烤盤 + 備好烘焙紙 + 橄欖油 1大匙 →

20～25 分鐘 → 置入料理盆 → 打泥 → 靜置降溫 → 斯卑爾脫全麥 麵粉450克 + 鹽1小匙 + 乾酵母 1小包

→ 攪拌 + 溫牛奶 200毫升 + 甜菜根糖漿 1大匙 → 攪拌 + 在溫暖處靜置 45分鐘發酵

麵團分做8份, 成形 + 牛奶2大匙 → 塗抹 + 綜合種子 2大匙 → 醒麵15分鐘 → 12～15 分鐘

酪梨醬香甜菜根薄片

15 分鐘　　2份

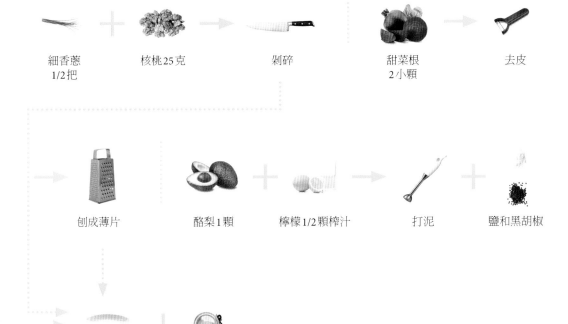

細香蔥
1/2把　　＋　　核桃25克　　→　　剁碎　　　　甜菜根
2小顆　　→　　去皮

刨成薄片　　　酪梨1顆　　＋　　檸檬1/2顆榨汁　　→　　打泥　　＋　　鹽和黑胡椒

橄欖油1大匙

106

鮭魚芝麻菜捲餅

20
分鐘

2份

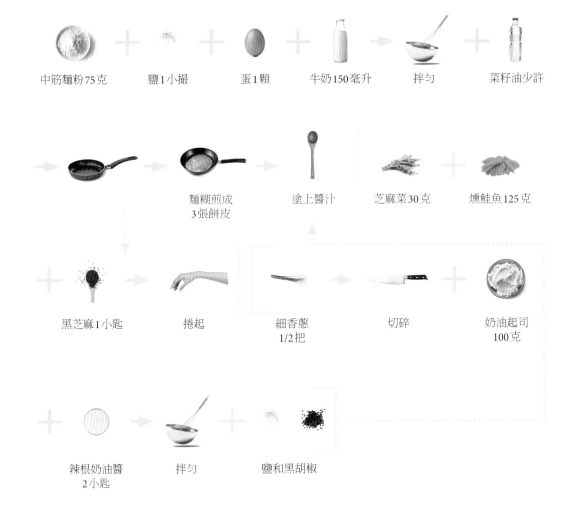

中筋麵粉75克 ＋ 鹽1小撮 ＋ 蛋1顆 ＋ 牛奶150毫升 → 拌勻 ＋ 菜籽油少許

麵糊煎成
3張餅皮 → 塗上醬汁 芝麻菜30克 ＋ 燻鮭魚125克

＋ 黑芝麻1小匙 → 捲起 細香蔥
1/2把 → 切碎 ＋ 奶油起司
100克

＋ 辣根奶油醬
2小匙 → 拌勻 ＋ 鹽和黑胡椒

香燉胡蘿蔔小扁豆配荷包蛋

20 分鐘　　2份

菜籽油
1大匙

紅洋蔥
1顆

生薑10克

剁碎

孜然粉
1小匙

薑黃粉
1/2小匙

甜椒粉
1小匙

辣椒粉
1/2小匙

爆香1分鐘

煮熟小扁豆400克
（亦可使用
罐頭小扁豆）

番茄丁100克
（罐頭亦可）

胡蘿蔔2根

去皮

刨成細絲

蔗糖1小匙

乾燥波斯萊姆
1顆

微火烹煮
8分鐘

鹽

取出萊姆

菜籽油
1大匙

蛋2顆

做成2份
荷包蛋

芫荽4枝

剁碎

優格
2大匙

酪梨芒果明蝦沙拉

15分鐘　2份

芒果1/2顆　　酪梨1顆　　番茄2顆　　切丁　　紅洋蔥1顆

紅辣椒1根　　輪切　　芫荽1/4把　　切碎

置入料理盆中　　萊姆1/2顆榨汁　　橄欖油1大匙　　汆燙過的明蝦200克　　鹽和黑胡椒

主菜

印度芝麻菜烤餅佐油桃

15 分鐘   4份

斯卑爾脫小麥粉 200克 ＋ 泡打粉2小匙 ＋ 砂糖1小撮 ＋ 鹽1/4小匙 → 拌勻

＋ 優格160克 → 攪拌 → 做成4個直徑約 15公分的餅皮 ＋ 菜籽油 少許 → 雙面快煎 1分鐘

＋ 奶油起司 100克 → 塗抹 ＋ 油桃2顆 → 切塊 ＋ 芝麻菜 25克

＋ 碎核桃25克 ＋ 苜蓿芽2大匙 ＋ 鹽和黑胡椒

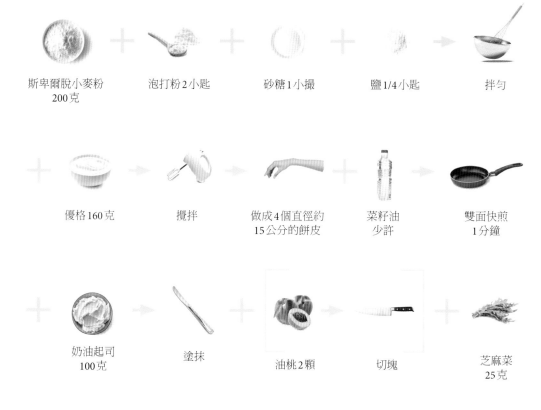

亞洲風味蝦仁炒飯

45
分鐘

2份

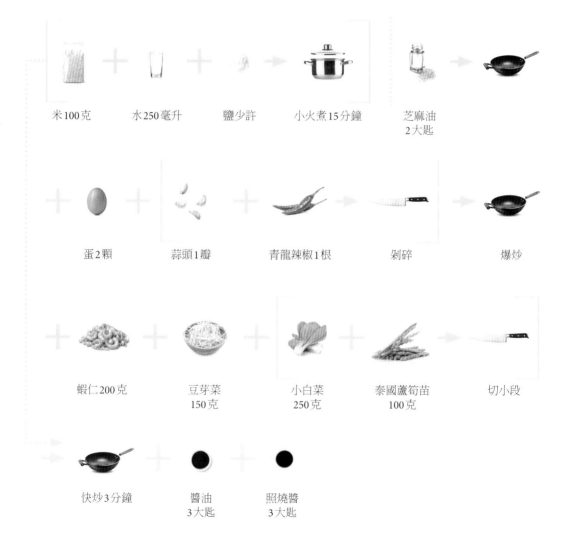

米100克	水250毫升	鹽少許	小火煮15分鐘	芝麻油 2大匙

蛋2顆	蒜頭1瓣	青龍辣椒1根	剁碎	爆炒

蝦仁200克	豆芽菜 150克	小白菜 250克	泰國蘆筍苗 100克	切小段

快炒3分鐘	醬油 3大匙	照燒醬 3大匙

主菜

蒜苗鹹派

20
分鐘

30
分鐘

4份

預熱200°C　　冷藏奶油　　脫脂凝乳　　斯卑爾脫　　鹽1/4小匙　　攪拌
　　　　　　　50克　　　　50克　　　小麥粉100克

擀開麵皮　　取直徑20公分　　烘焙紙　　鋪進餅皮，並留　　在餅皮上
　　　　　　　的烤模　　　　　　　　　2公分高的邊　　　　截洞

蒜苗350克　　對半剖開，　　橄欖油1大匙　　中火5分鐘
　　　　　　　並切成絲　　　　　　　　　　　　　　　　蛋2顆

鮮奶油　　法式酸奶油　　拌勻　　鹽和黑胡椒　　直徑20公分　　25～30分鐘
50毫升　　125毫升

主菜

紐奧良風味香烤雞腿

15 分鐘　40 分鐘　60 分鐘　**4份**

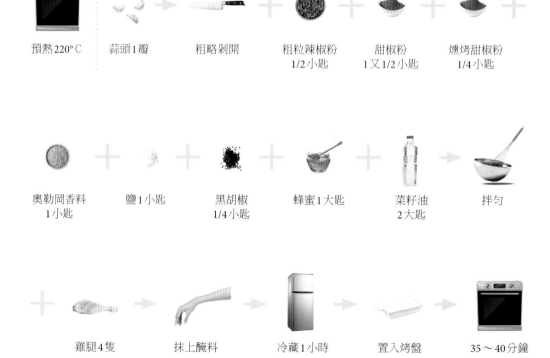

預熱220°C　蒜頭1瓣　粗略剁開　粗粒辣椒粉 1/2小匙　甜椒粉 1又1/2小匙　燻烤甜椒粉 1/4小匙

奧勒岡香料 1小匙　鹽1小匙　黑胡椒 1/4小匙　蜂蜜1大匙　菜籽油 2大匙　拌勻

雞腿4隻　抹上醃料　冷藏1小時　置入烤盤　35～40分鐘

主菜

花椰菜拌飯

30 分鐘　2份

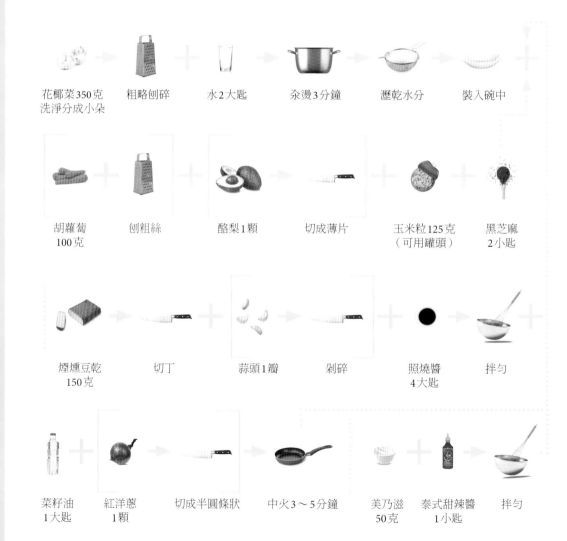

花椰菜 350 克
洗淨分成小朵　→　粗略刨碎　＋　水 2 大匙　→　汆燙 3 分鐘　→　瀝乾水分　→　裝入碗中　＋

胡蘿蔔
100 克　＋　刨粗絲　＋　酪梨 1 顆　→　切成薄片　＋　玉米粒 125 克
（可用罐頭）　＋　黑芝麻
2 小匙

煙燻豆乾
150 克　→　切丁　＋　蒜頭 1 瓣　→　剁碎　＋　照燒醬
4 大匙　→　拌勻　＋

菜籽油
1 大匙　＋　紅洋蔥
1 顆　→　切成半圓條狀　→　中火 3〜5 分鐘　＋　美乃滋
50 克　＋　泰式甜辣醬
1 小匙　→　拌勻

主菜

肉丸南瓜泥

45
分鐘

4份

栗子南瓜 500克	切塊	蔬菜高湯 250毫升	中火12分鐘	去水瀝乾	置入料理盆中

奶油1小匙　　鹽和黑胡椒 少許　　打成泥　　洋蔥1顆　　洋香芹 1/4把　　剁碎

豬牛肉混合絞肉 250克　　蛋1顆　　麵包粉50克　　攪拌　　印度綜合香料 1/4小匙

鹽和黑胡椒　　做成肉丸　　菜籽油　　中火10分鐘　　紅石榴 1/2顆取籽

126

主菜

綠葉扇貝魚湯

35 分鐘　4份

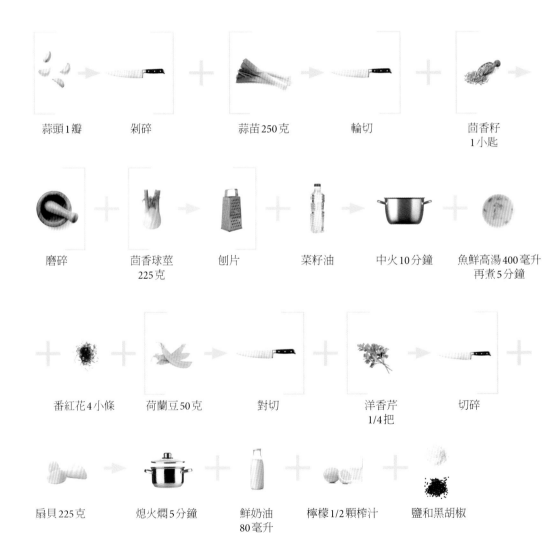

蒜頭1瓣　剁碎　　蒜苗250克　輪切　　茴香籽 1小匙

磨碎　　茴香球莖 225克　刨片　　菜籽油　　中火10分鐘　　魚鮮高湯400毫升 再煮5分鐘

番紅花4小條　荷蘭豆50克　對切　　洋香芹 1/4把　切碎

扇貝225克　熄火燜5分鐘　鮮奶油 80毫升　檸檬1/2顆榨汁　鹽和黑胡椒

熊蔥腰果醬鮭魚排

10 分鐘　　20 分鐘　　2份

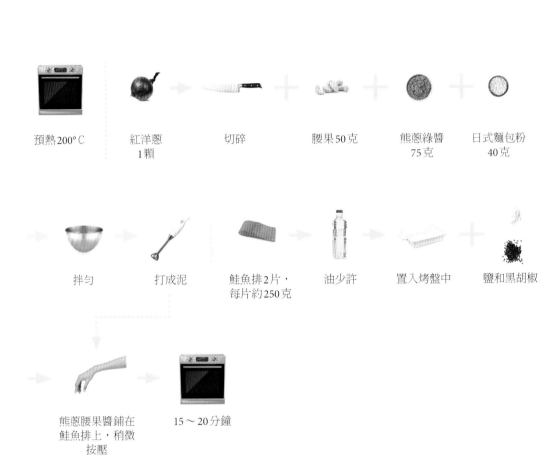

預熱200°C　　紅洋蔥 1顆　　切碎　　腰果50克　　熊蔥綠醬 75克　　日式麵包粉 40克

拌勻　　打成泥　　鮭魚排2片，每片約250克　　油少許　　置入烤盤中　　鹽和黑胡椒

熊蔥腰果醬鋪在鮭魚排上，稍微按壓　　15～20分鐘

雞胸肉裹馬齒莧與番茄

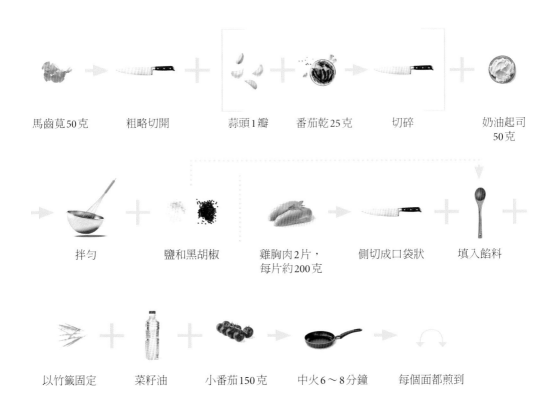

馬齒莧50克　　粗略切開　　　　蒜頭1瓣　　番茄乾25克　　切碎　　　　奶油起司
50克

拌勻　　　　　　鹽和黑胡椒　　雞胸肉2片，　　側切成口袋狀　　填入餡料
每片約200克

以竹籤固定　　　菜籽油　　　小番茄150克　　中火6～8分鐘　　每個面都煎到

花生地瓜咖哩湯

25
分鐘   2份

菜籽油
2大匙

紅咖哩醬
2大匙

中火1分鐘

椰漿400毫升

蔗糖
1大匙

無糖花生醬
1大匙

地瓜300克

去皮、切丁

中火8分鐘

荷蘭豆100克

對半切

菠菜葉150克

豆腐200克

切丁

2分鐘

鹽和黑胡椒

鹽焙花生仁2大匙   粗略切碎

主菜

柳橙荷蘭豆塔布勒沙拉

30分鐘　2份

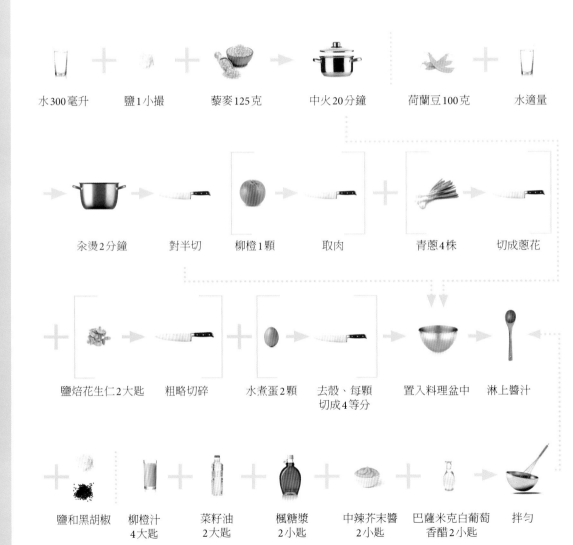

水300毫升　鹽1小撮　藜麥125克　中火20分鐘　荷蘭豆100克　水適量

氽燙2分鐘　對半切　柳橙1顆　取肉　青蔥4株　切成蔥花

鹽焙花生仁2大匙　粗略切碎　水煮蛋2顆　去殼、每顆切成4等分　置入料理盆中　淋上醬汁

鹽和黑胡椒　柳橙汁4大匙　菜籽油2大匙　楓糖漿2小匙　中辣芥末醬2小匙　巴薩米克白葡萄香醋2小匙　拌勻

香烤帕瑪森起司櫛瓜

10 分鐘　15 分鐘　4份

預熱200°C　　櫛瓜400克　　切成條狀　　　烤盤　　　烘焙紙

橄欖油2大匙　　塗抹在　撒上起司香料　10～15分鐘　　百里香2枝　　　切碎
　　　　　　　　櫛瓜上

帕瑪森起司粉　　拌勻　　　鹽和黑胡椒
　　30克

燈籠果番茄醬

35
分鐘

10份，每份30毫升

紅洋蔥1顆

切碎

橄欖油1大匙

燈籠果去萼葉
200克

過油快煎

番茄泥拌香草
250克

巴薩米克白葡萄
香醋50毫升

蔗糖50克

中火25～30分鐘

肉桂粉少許

肉豆蔻粉少許

鹽和黑胡椒

香煎西班牙小青椒佐香腸醬汁

35
分鐘

2份

西班牙喬利
佐香腸100克

切成薄片

蒜頭1瓣

剁碎

中火3分鐘

番茄泥1小匙

甜椒粉
1/2小匙

小番茄100克

2分鐘

置入攪拌盆中

打成泥

菜籽油
1大匙

西班牙小青椒
200克

中火4～5分鐘

粗粒海鹽
少許

綠蘆筍手撕鮭魚堡

20
分鐘　　2份

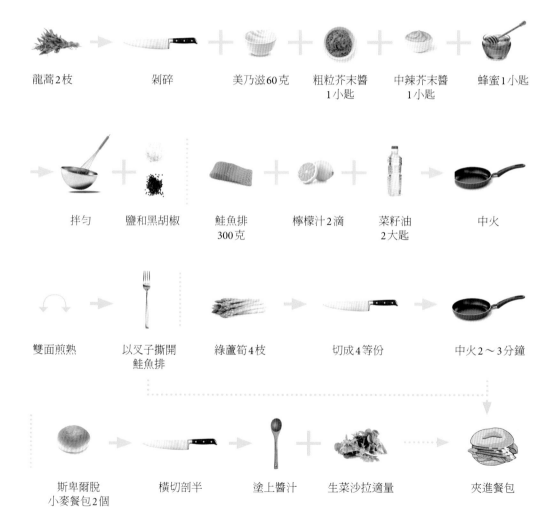

龍蒿2枝 → 剁碎 + 美乃滋60克 + 粗粒芥末醬 1小匙 + 中辣芥末醬 1小匙 + 蜂蜜1小匙

→ 拌勻 鹽和黑胡椒 + 鮭魚排 300克 + 檸檬汁2滴 + 菜籽油 2大匙 → 中火

雙面煎熟 → 以叉子撕開 鮭魚排 綠蘆筍4枝 → 切成4等份 → 中火2～3分鐘

斯卑爾脫 小麥餐包2個 → 橫切剖半 → 塗上醬汁 + 生菜沙拉適量 → 夾進餐包

牛排佐白腎豆莎莎青醬

15 分鐘　　2份

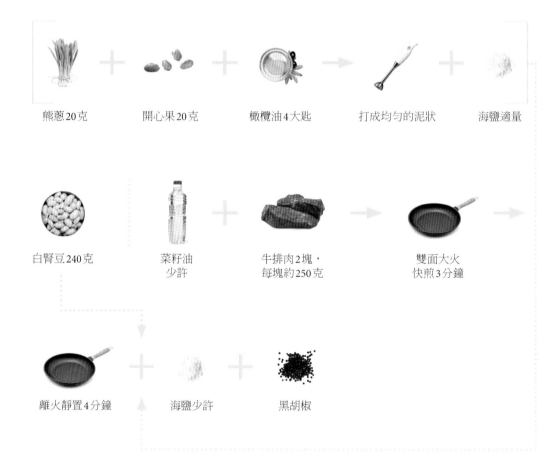

熊蔥20克　　開心果20克　　橄欖油4大匙　　打成均勻的泥狀　　海鹽適量

白腎豆240克　　菜籽油少許　　牛排肉2塊，每塊約250克　　雙面大火快煎3分鐘

離火靜置4分鐘　　海鹽少許　　黑胡椒

甜菜根鮭魚配辣根醬

15
分鐘

2
小時

2份

蒜頭1瓣　剁碎　　　　甜菜根汁　　　蜂蜜2大匙　　　醬油2大匙
　　　　　　　　　　100毫升

粗粒辣椒粉　拌勻　　　鮭魚排　　　　醃漬　　　　　青蔥
1小匙　　　　　　　　500克　　　　　2小時　　　　　2株

切段　　　　　　　　　菜籽油　　　　中火，　　　　黑芝麻
　　　　　　　　　　2大匙　　　　雙面煎4分鐘　　　1小匙

奶油起司　　　辣根奶油醬　　拌勻　　　　　　鹽和黑胡椒
2大匙　　　　2小匙

花生醬香沙嗲串

25 分鐘　　30 分鐘　　4份

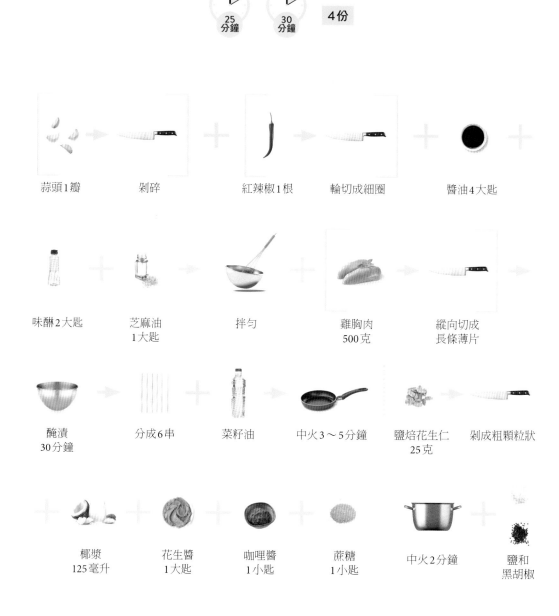

蒜頭1瓣	剁碎	紅辣椒1根
輪切成細圈	醬油4大匙	

味醂2大匙　　芝麻油1大匙　　拌勻　　雞胸肉500克　　縱向切成長條薄片

醃漬30分鐘　　分成6串　　菜籽油　　中火3～5分鐘　　鹽焙花生仁25克　　剁成粗顆粒狀

椰漿125毫升　　花生醬1大匙　　咖哩醬1小匙　　蔗糖1小匙　　中火2分鐘　　鹽和黑胡椒

主菜

洋牛蒡泥佐香煎蘑菇

35
分鐘

2份

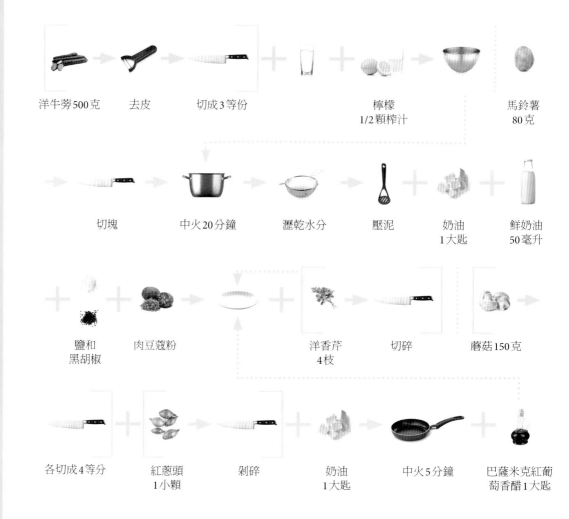

洋牛蒡500克　　去皮　　切成3等份　　　　　　　　檸檬　　　　　馬鈴薯
　　　　　　　　　　　　　　　　　　　　　　　1/2顆榨汁　　　　80克

切塊　　中火20分鐘　　瀝乾水分　　壓泥　　奶油　　　鮮奶油
　　　　　　　　　　　　　　　　　　　　　　1大匙　　　50毫升

鹽和　　肉豆蔻粉　　　　　　　　洋香芹　　切碎　　蘑菇150克
黑胡椒　　　　　　　　　　　　　4枝

各切成4等分　　紅蔥頭　　剁碎　　奶油　　中火5分鐘　　巴薩米克紅葡
　　　　　　　1小顆　　　　　　1大匙　　　　　　　萄香醋1大匙

香菇燉全穀大麥

35分鐘　　2份

| 乾燥香菇15克 | 泡水浸軟 | 瀝乾水分 | 紅蔥頭1小顆 | 蒜頭1瓣 |

| 剁碎 | 橄欖油1大匙 | 1分鐘 | 全穀大麥100克 | 中火2分鐘 | 白葡萄酒50毫升 |

| 蔬菜高湯150毫升 | 邊攪拌邊加熱收汁 | 重複2次 | 15分鐘 | 番紅花4小條 | 5分鐘 |

| 帕瑪森起司粉2大匙 | 奶油1大匙 | 檸檬汁2滴 | 鹽和黑胡椒 | 洋香芹3枝 | 剁碎 |

主菜

炒肉醬漢堡

80
分鐘

4份

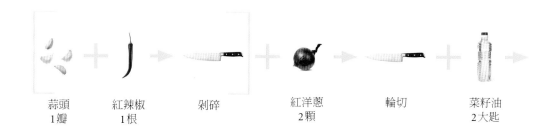

蒜頭	紅辣椒	剁碎	紅洋蔥	輪切	菜籽油
1瓣	1根		2顆		2大匙

中火2分鐘	番茄泥1小匙	雞胸肉500克	快煎	水	鳳梨汁
				150毫升	180毫升

番茄醬80克	伍斯特醬 （英式辣醬油） 2大匙	蔗糖2大匙	醬油2大匙	小火60分鐘	鹽和 黑胡椒

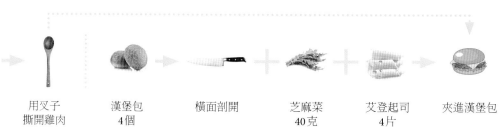

用叉子 撕開雞肉	漢堡包 4個	橫面剖開	芝麻菜 40克	艾登起司 4片	夾進漢堡包

全穀大麥蘆筍鍋

40
分鐘　　4份

橄欖油
1大匙　　番茄泥1小匙　　甜椒粉2小匙　　洋蔥1顆　　切碎　　蒜苗125克

輪切　　中火2分鐘　　馬鈴薯
200克　　紅色甜椒
1/2顆　　切丁

全穀大麥80克　　蔬菜高湯
600毫升　　碎切番茄200克
（可用罐頭製品）　　奧勒岡香料
2小匙　　5～10分鐘

綠蘆筍
150克　　切小段　　10分鐘　　鹽和黑胡椒

主菜

鮭魚菠菜義大利麵

25
分鐘

2份

義大利麵條　　　水　　　鹽　　　煮到7分熟的　　紅蔥頭1顆　　　切碎
150克　　　　　　　　　　　　　　　　彈牙口感

橄欖油　　　鮭魚排　　　中火2～3分鐘　　　搗碎　　　菠菜葉
1大匙　　　　200克　　　　　　　　　　　鮭魚排　　　250克

混炒　　　鮮奶油　　　煮麵水　　　番茄紅醬　　　2分鐘　　　鹽和
　　　　　125毫升　　　5大匙　　　　2小匙　　　　　　　　黑胡椒

北非風味菠菜燉鍋

15 分鐘　20 分鐘　2份

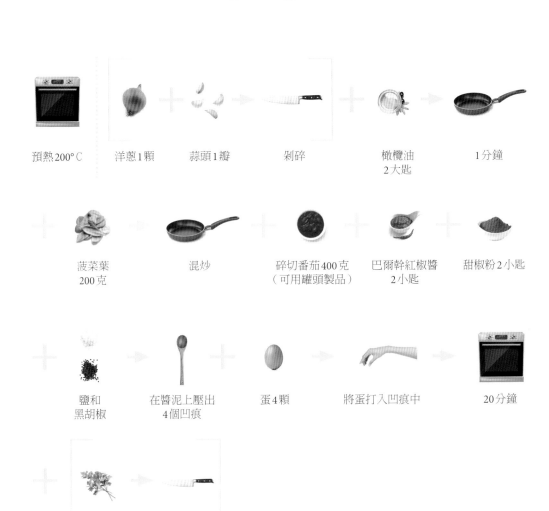

預熱200°C　　洋蔥1顆　　蒜頭1瓣　　剁碎　　橄欖油 2大匙　　1分鐘

菠菜葉 200克　　混炒　　碎切番茄400克（可用罐頭製品）　　巴爾幹紅椒醬 2小匙　　甜椒粉2小匙

鹽和 黑胡椒　　在醬泥上壓出 4個凹痕　　蛋4顆　　將蛋打入凹痕中　　20分鐘

洋香芹4枝　　切碎

主菜

茄汁高麗菜捲

2份

紅洋蔥1顆 → 切碎 ＋ 豬絞肉250克 ＋ 蛋1顆 ＋

麵包粉25克 → 拌勻 ┊ 高麗菜葉6片 ＋ 水 →

汆燙2分鐘 ＋ 包入餡料 → 捲起高麗菜葉 ＋ 碎切番茄拌香草400克（可用罐頭製品）＋

蔬菜高湯150毫升 → 中火10分鐘 ＋ 鹽和黑胡椒

中東風味地瓜丸子

 20 分鐘　 25 分鐘　18個

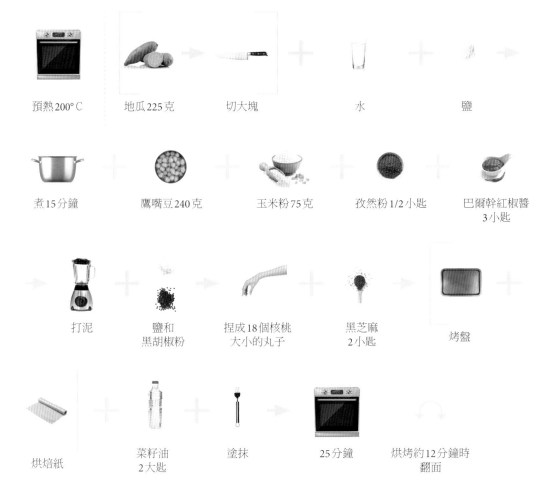

預熱200°C　地瓜225克　切大塊　水　鹽

煮15分鐘　鷹嘴豆240克　玉米粉75克　孜然粉1/2小匙　巴爾幹紅椒醬 3小匙

打泥　鹽和 黑胡椒粉　捏成18個核桃 大小的丸子　黑芝麻 2小匙　烤盤

烘焙紙　菜籽油 2大匙　塗抹　25分鐘　烘烤約12分鐘時 翻面

焗烤綠花椰義大利麵餃

2份

預熱200°C   綠花椰 350克   汆燙3分鐘   小番茄125克   對切   義大利麵餃 250克

置入焗烤盤中   法式酸奶油 100克   牛奶 50毫升   蛋1顆   熊蔥綠醬 1大匙

鹽和 黑胡椒   肉豆蔻粉   拌勻   莫札瑞拉乳酪 80克   切片

20分鐘

菠菜荷蘭醬烤扇貝

15 分鐘　　18 分鐘　　2份

  + +   +

預熱200°C　　融化的奶油70克　　蛋黃2顆　　法式酸奶油 25克　　乾型氣泡酒 2大匙

 + + +

拌勻　　鹽　　彩色胡椒　　檸檬汁1滴　　紅蔥頭1顆　　切碎

 → +   +

奶油1大匙　　加熱至透明狀　　放入菠菜葉 150克拌勻　　扇貝10個 （已去殼）

15～18分鐘

主菜

炸餛飩

50 分鐘

18 份

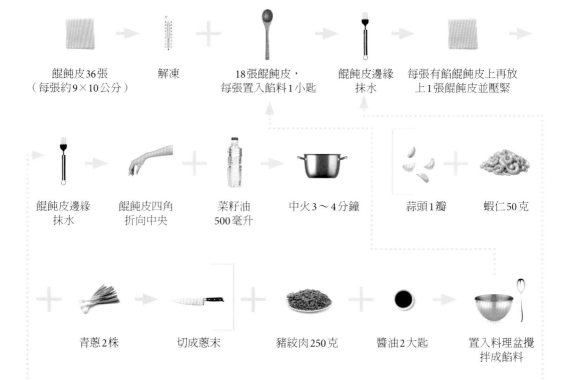

餛飩皮36張
（每張約9×10公分）

解凍

18張餛飩皮，
每張置入餡料1小匙

餛飩皮邊緣
抹水

每張有餡餛飩皮上再放
上1張餛飩皮並壓緊

餛飩皮邊緣
抹水

餛飩皮四角
折向中央

菜籽油
500毫升

中火3～4分鐘

蒜頭1瓣

蝦仁50克

青蔥2株

切成蔥末

豬絞肉250克

醬油2大匙

置入料理盆攪
拌成餡料

太白粉2小匙

水6小匙

拌勻

主菜

土耳其式菠菜尤夫卡餅小點

  20 分鐘 / 20 分鐘 / 12份

預熱200°C	瑪芬烤模	以奶油上油	小番茄150克	切成4等分	紅洋蔥1顆

紅洋蔥1顆

蒜頭1瓣	剁碎	菜籽油 2大匙	中火	菠菜葉 150克	中火拌炒

希臘式菲達 起司125克 / 捏碎 / 蛋3顆 / 鮮奶油 125毫升 / 拌勻 / 鹽和 黑胡椒 / 蛋1顆

牛奶 3大匙 / 拌勻 / 尤夫卡餅皮 6片 / 切成4等分 / 每組2片，分成 12份餅皮 / 塗上蛋奶混 合液

餅皮12份 / 置入烤模中 / 瑪芬烤模 / 將餡料填入 餅皮中 / 20分鐘

櫛瓜碎肉義式麵鍋

30
分鐘   4份

| 洋蔥1顆 | 切碎 | 橄欖油1大匙 | 豬牛肉混合絞肉250克 | 1～2分鐘 |

櫛瓜275克 → 切片 + 黃豆仁150克 → 快速過油 + 牛肉高湯500毫升

義大利螺紋水管麵150克 → 中火12～15分鐘 + 太白粉1小匙 + 水 → 拌勻

奶油起司1大匙 + 奧勒岡香料1/2小匙 + 鹽和黑胡椒

朝鮮薊起司三明治

10
分鐘
2份

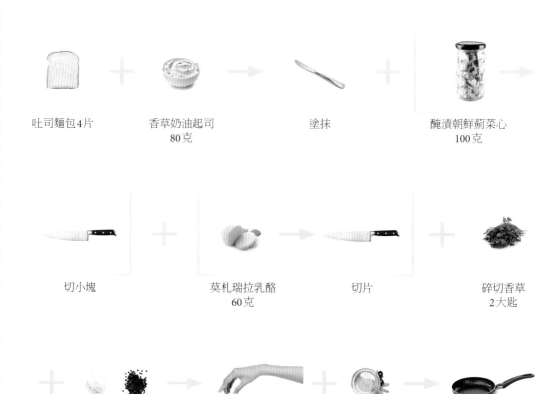

吐司麵包4片　＋　香草奶油起司
80克　→　塗抹　＋　醃漬朝鮮薊菜心
100克　→

切小塊　＋　莫札瑞拉乳酪
60克　→　切片　＋　碎切香草
2大匙

＋　鹽和黑胡椒　→　夾入兩片吐司麵包中，
並稍微壓緊　＋　橄欖油
1大匙　→　雙面稍加熱固定

點心

櫻桃巧克力瑪芬

10 分鐘　20 分鐘　**12份**

 預熱200°C

 砂糖 100克

 蛋2顆

 軟化奶油 75克

 香草豆莢 1枝

鹽1小撮

 攪拌

黑巧克力 60克切碎

 斯卑爾脫小麥粉 100克

可可粉 2大匙

 泡打粉 1小匙

 拌勻

瑪芬烤模

置入紙模

 罐頭櫻桃 125克

 18～20分鐘

 靜置放涼

 黑巧克力 80克切碎

 隔水融化

 靜置放涼

 奶油起司 175克

 拌勻

  瑪芬上以 巧克力奶油 裝飾

點心

奶酥百里香草莓點心杯

15 分鐘　20 分鐘　2份

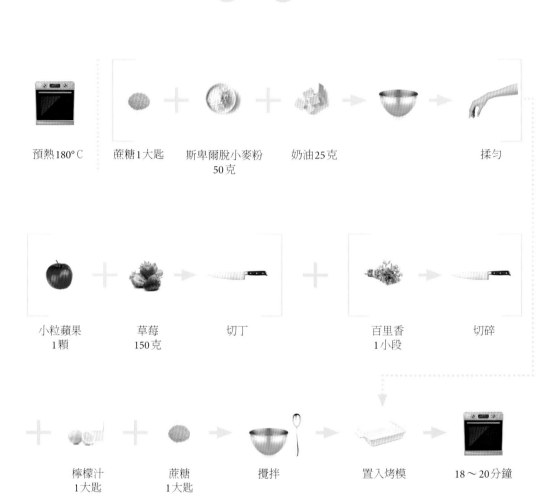

預熱180°C　蔗糖1大匙　斯卑爾脫小麥粉 50克　奶油25克　揉勻

小粒蘋果 1顆　草莓 150克　切丁　百里香 1小段　切碎

檸檬汁 1大匙　蔗糖 1大匙　攪拌　置入烤模　18～20分鐘

點心

翻轉焦糖蘋果塔

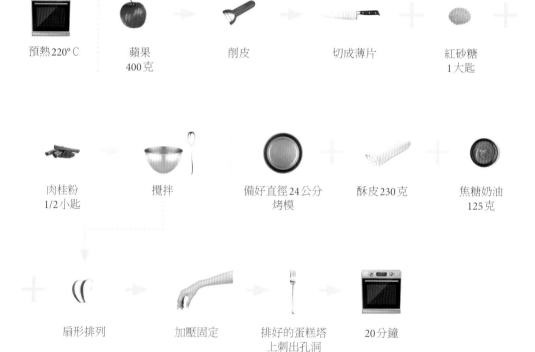

15 分鐘　　20 分鐘　　8份

預熱220°C　　蘋果 400克　　削皮　　切成薄片　　紅砂糖 1大匙

肉桂粉 1/2小匙　　攪拌　　備好直徑24公分 烤模　　酥皮230克　　焦糖奶油 125克

扇形排列　　加壓固定　　排好的蛋糕塔 上刺出孔洞　　20分鐘

點心

法式吐司

10
分鐘

2份

吐司麵包
6片

牛軋糖巧克力
奶油50克

塗抹

棉花糖
12朵

平分在3片
吐司麵包上

分別再覆上3片
吐司麵包

奶油2小匙

中火1～2分鐘

雙面煎

綜合莓果100克

巧克力脆片餅乾冰淇淋三明治

 20 分鐘　 12 分鐘　**24份餅乾，共12份三明治**

預熱180°C

斯卑爾脫小麥粉
50克

鹽1/2小匙

泡打粉
1小匙

拌勻

奶油115克

蔗糖100克

砂糖50克

香草豆莢1枝

蛋1顆

攪拌

水滴狀黑巧克力
180克

烤盤

烘焙紙

麵糊以湯匙舀起，
分置於烤盤上

9～12分鐘

靜置放涼

香草冰淇淋
500毫升

烤好的餅乾兩兩相
合，中間填入香草
冰淇淋

麥片草莓冰淇淋

15 分鐘　　2 小時　　2份

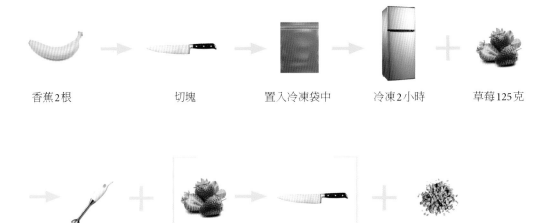

香蕉2根　　切塊　　置入冷凍袋中　　冷凍2小時　　草莓125克

打成泥　　草莓50克　　切成4等分　　綜合麥片80克
（如本書第16頁介紹的
莨菜籽胡桃麥片）

大黃巧克力瑪芬

 15 分鐘　 25 分鐘　12 份

 預熱180°C

 軟化奶油 80克　＋　 砂糖 100克　＋　 鹽1小撮　＋　 香草豆莢 1枝　＋　蛋2顆

 拌勻　＋　麵粉（中筋）180克　＋　 泡打粉 1小匙　＋　 攪拌　＋　 牛奶 50毫升　＋　攪拌

 白巧克力 50克　剁碎　＋　 大黃 200克　切小丁　 手動攪拌

 瑪芬烤模　＋　紙模　 20～25分鐘　＋　撒上糖粉

焗烤覆盆子布里歐麵包

10 分鐘　40 分鐘　**4份**

預熱180°C

蛋3顆

+

奶油起司125克

+

香草精1小匙

+

牛奶250毫升

+

蔗糖75克

→

拌勻

|

奶油布里歐麵包
250克

→

切成10片

+

覆盆子150克

→

+

奶油2小匙

+

將奶油蛋液倒入擺
好麵包與覆盆子的
烤盤中

→

35～40分鐘

花生焦糖冰棒

15 分鐘　8 小時　8份

鮮奶油400毫升　　打發鮮奶油　　焦糖奶油100克　　輕手切拌　　倒入冰棒模具

冷凍8小時　　牛奶巧克力100克　　隔水加熱至融化　　靜置冷卻

鹽焙花生仁50克　　切成大顆粒狀

198

百香果起司蛋糕

25 分鐘　　55 分鐘　　4 小時　　6份

| 預熱170°C | 麵粉（中筋）100克 | 砂糖 35克 | 冷藏奶油 50克 | 冷水 2大匙 | 攪拌 |

活底扣環烤模　　烘焙紙　　沿烤模將餅皮捏出約3公分高的邊　　50～55 分鐘　　靜置冷卻 4小時

| 放上果泥果肉 | 奶油起司 350克 | 蛋1顆 | 香草豆莢 1枝 | 牛奶 50毫升 | 香草布丁粉 1/2小包 |

| 砂糖 70克 | 拌勻 | 百香果 2顆 | 切丁 | 杏桃果醬 50克 | 拌勻 |

夏日甜心春捲

30
分鐘　　2份

椰漿100毫升　　　煮沸備用　　　　庫斯庫斯　　　熄火靜置8分鐘　　　楓糖漿
　　　　　　　　　　　　　　　　　50克　　　　　　　　　　　　　　2大匙

以叉子打鬆　　　草莓　　　　奇異果　　　　芒果1/2顆　　　　切成薄片
　　　　　　　　125克　　　　2顆

米紙8張　　　溫水　　　拍濕軟化　　　放上餡料　　　可可豆碎粒　　　泰國羅勒
　　　　　　　　　　　　　　　　　並捲起　　　　1小匙

點心

夢幻草莓餅乾點心

15分鐘

4份，每份230毫升

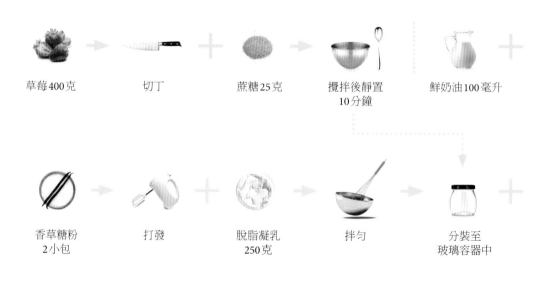

草莓400克　→　切丁　＋　蔗糖25克　→　攪拌後靜置10分鐘　　鮮奶油100毫升　＋

香草糖粉2小包　→　打發　＋　脫脂凝乳250克　→　拌勻　→　分裝至玻璃容器中　＋

巧克力豆餅乾75克　→　捏碎　＋　檸檬香蜂草適量

莓果塔

 15 分鐘　 12 分鐘　4份

 預熱180°C

 軟化奶油 80克

 砂糖 80克

鹽1小撮

 香草豆莢 1枝

 蛋1顆

牛奶2大匙

 攪拌

 斯卑爾脫小麥粉 100克

 泡打粉 1小匙

 攪拌

 直徑12公分 烤模4個

 奶油少許

 12分鐘

 靜置冷卻

 希臘式蜂蜜優格 150克

 塗抹

 綜合莓果 200克

 切成易入口的 小丁

 巧克力屑 2大匙

巧克力慕斯

15 分鐘　　2 小時　　**4份**

黑巧克力
150克　　加熱融化　　靜置冷卻　　豆水180毫升
（可用鷹嘴豆水）　　不含明膠的鮮奶
油黏稠劑1小包

5～10分鐘
至打發　　輕手切拌　　冷藏2小時　　綜合莓果
200克　　檸檬香蜂草
適量

點心

飲料

巧克力熱飲

10
分鐘

2份

黑巧克力
70克

粗略切開

玫瑰胡椒粉
1/2小匙

牛奶400毫升

薑餅香料
1/2小匙

可可粉
2小匙

微火加熱融化

飲料

草莓摩希多特調飲

25
分鐘

2份

草莓125克　　　　　切片　　　　　蔗糖3大匙　　　　攪拌後
靜置15分鐘

冰塊8顆敲碎　　　檸檬1顆榨汁　　　萊姆酒40毫升　　　均分至
2個玻璃杯內

淋上礦泉水　　　最後擺上檸檬香蜂草
裝飾即可

飲料

莫斯科騾子

10
分鐘

2份

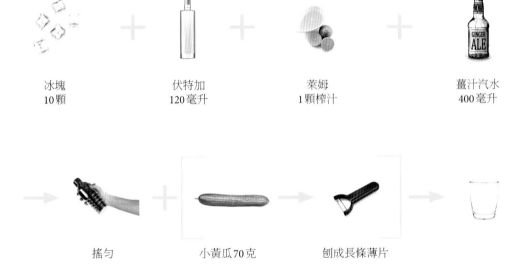

冰塊
10顆

伏特加
120毫升

萊姆
1顆榨汁

薑汁汽水
400毫升

搖勻

小黃瓜70克

刨成長條薄片

以薄荷葉裝飾

飲料

西瓜羅勒調酒

10 分鐘

6份，每份300毫升

西瓜 1.5 公斤　　　　去皮，切塊　　　　打成泥　　　　紅石榴氣泡酒 750毫升

羅勒 3 枝　　　　　　　　　　　　　　碎冰適量

附錄

食材列表（依料理名稱原文字母排列）

莧菜籽胡桃麥片（p.16）
椰子油25克
楓糖漿75毫升
胡桃100克
焙烤鹽味夏威夷豆50克
燕麥片125克
莧菜籽米花40克
肉桂1小匙
肉豆蔻粉1小撮
多香果1小撮

蘋果豆泥沾醬（p.46）
紅洋蔥1顆
蒜頭1瓣
洋香芹2枝
帶皮蘋果1/2顆（約70克）
菜籽油適量
甜椒粉1小匙
咖哩粉1小匙
孜然粉1/2小匙
哈里薩辣醬1/4小匙
白腎豆200克（取自罐頭，瀝
乾後130克）
鹽和黑胡椒適量

**蘋果山羊奶起司開胃麵包
（p.38）**
法棍麵包切片10片
蒜頭1瓣
紅洋蔥1顆
蘋果1顆（約180克）
生薑5克
菜籽油1大匙
蜂蜜1大匙
水2大匙
粗粒芥末醬1小匙
山羊奶起司150克
羅勒葉
鹽和黑胡椒適量

朝鮮薊起司三明治（p.178）
醃漬朝鮮薊菜心100克
莫札瑞拉乳酪60克
吐司麵包4片
香草奶油起司80克
碎切香草2大匙（如洋香芹、
水芹）
鹽和黑胡椒適量
橄欖油1大匙

亞洲風味蒜香明蝦（p.56）
海蘆筍（海蓬子）100克
蒜頭2瓣
紅辣椒1根
芝麻油1大匙
明蝦300克（去殼、去沙腸）
黑胡椒

亞洲風味蝦仁炒飯（p.118）
米100克
水250毫升
鹽少許
蒜頭1瓣
青龍辣椒1根
小白菜250克
泰國蘆筍苗100克
芝麻油2大匙
蛋2顆
蝦仁200克
豆芽菜150克
醬油3大匙
照燒醬3大匙

酪梨貝果（p.14）
熟成酪梨1顆
鹽和黑胡椒適量
蛋1顆
麵粉30克
麵包粉50克

菜籽油適量
貝果2個
鳳梨切片2片
烤肉醬4大匙
生菜1把

熊蔥烘蛋（p.22）
熊蔥40克
冰島優格80克
奶油起司2大匙
蛋4顆
麵粉4大匙
礦泉水4大匙
鹽適量
黑胡椒適量
菜籽油適量
水芥菜1/2把

熊蔥瓶子脆餅（p.60）
熊蔥100克
橄欖油50毫升
胡桃25克
鹽和黑胡椒適量
披薩餅皮400克（自冷藏取
出，約24 x 36公分大小）
黑芝麻1小匙

莓果塔（p.206）
軟化奶油80克
砂糖80克
香草豆莢1枝
鹽1小撮
蛋1顆
牛奶2大匙
斯卑爾脫小麥粉100克
泡打粉1小匙
綜合莓果200克（如草莓、藍
莓等）
希臘式蜂蜜優格150克

巧克力屑2大匙

戈貢佐拉乳酪烤香梨（p.62）
西洋梨2顆
戈貢佐拉乳酪50克
馬斯卡彭起司75克
檸檬汁少許
鹽和黑胡椒適量
辣椒粉適量
細香蔥花1大匙
松子2小匙

花椰菜拌飯（p.124）
花椰菜350克
水2大匙
胡蘿蔔2根（約100克）
紅洋蔥1顆
煙燻豆乾150克
照燒醬4大匙
菜籽油1大匙
酪梨1顆
美乃滋50克
泰式甜辣醬1小匙
玉米粒125克（可用罐頭）
黑芝麻2小匙
蒜頭1瓣

紐奧良風味香烤雞腿（p.122）
蒜頭1瓣
粗粒辣椒粉1/2小匙
甜椒粉1又1/2小匙
燻烤甜椒粉1/4小匙
奧勒岡香料1小匙
鹽1小匙
黑胡椒1/4小匙
蜂蜜1大匙
菜籽油2大匙
雞腿4隻（約500克）

巧克力熱飲（p.212）
黑巧克力70克
玫瑰胡椒粉1/2小匙
牛奶400毫升
薑餅香料1/2小匙（含肉桂、

芫荽、薑、肉豆蔻、丁香、茴
香等香料）
可可粉2小匙

巧克力脆片餅乾冰淇淋三明治
（p.190）
奶油115克
蔗糖100克
砂糖50克
香草豆莢1枝
蛋1顆
斯卑爾脫小麥粉50克
鹽1/2小匙
泡打粉1小匙
水滴狀黑巧克力180克
香草冰淇淋500毫升

肉桂麵包（p.18）
中筋麵粉375克
乾酵母1小包
砂糖50克
鹽1/2小匙
微溫牛奶150毫升
蛋2顆
奶油80克
肉桂粉2小匙
碎核桃130克
焦糖奶油135克
水1大匙
奶油起司65克
糖粉25克

斯卑爾脫小麥玉米麵包
（p.28）
斯卑爾脫小麥粉350克
玉米粉75克
乾酵母1小包
鹽1小匙
溫水300毫升
甜菜根糖漿2小匙
綜合種子1大匙（如南瓜籽、
葵花籽、芝麻等）

夢幻草莓餅乾點心（p.204）
草莓400克
蔗糖25克
鮮奶油100毫升
香草糖粉2小包（約16克）
脫脂凝乳250克
巧克力豆餅乾4片（約75克）
檸檬香蜂草適量

草莓摩希多特調飲（p.214）
草莓125克
蔗糖3大匙
檸檬1顆
冰塊8顆（敲碎）
萊姆酒40毫升
礦泉水適量
檸檬香蜂草1枝

麥片草莓冰淇淋（p.192）
香蕉2根
草莓175克
綜合麥片80克

奶酥百里香草莓點心杯
（p.184）
小粒蘋果1顆（約150克）
百里香1小段
草莓150克
檸檬汁1大匙
斯卑爾脫小麥粉50克
奶油25克
蔗糖2大匙

花生地瓜咖哩湯（p.134）
地瓜300克
荷蘭豆100克
豆腐200克
鹽焙花生仁2大匙
菜籽油2大匙
紅咖哩醬2大匙（約50克）
椰漿400毫升
蔗糖1大匙
花生醬1大匙（無糖）
菠菜葉150克

鹽和黑胡椒適量

茴香葡萄柚沙拉（p.92）
茴香球莖1小顆（約200克）
紅葡萄柚1顆（約500克）
菠菜葉50克
葡萄柚汁5大匙
橄欖油1大匙
蜂蜜1小匙
甜芥末1小匙
鹽和黑胡椒適量

小魚餅（p.64）
馬鈴薯200克
水適量
鹽適量
鱈魚排400克
洋香芹1/4把
醃黃瓜3根
蛋1顆
鹽和黑胡椒
菜籽油1大匙

肉丸南瓜泥（p.126）
栗子南瓜1/2顆（約500克）
蔬菜高湯250毫升
奶油1小匙
洋蔥1顆
洋香芹1/4把
混合絞肉250克（豬牛肉各半）
蛋1顆
麵包粉50克
印度綜合香料1/4小匙
鹽和黑胡椒適量
菜籽油適量
紅石榴1/2顆（取籽）

法蘭克福青醬（p.44）
做青醬的綜合香草100克
脫脂凝乳150克
優格150克
德式酸奶油50克
中辣芥末醬1小匙

鹽和黑胡椒適量
帶皮馬鈴薯4顆
小黃瓜100克
水煮蛋2顆

燻鮭伴酪梨（p.24）
酪梨2顆
菜籽油1大匙
萊姆1/2顆榨汁
蛋4顆
燻鮭魚100克
青蔥2株
鹽＋彩色胡椒適量

香煎菊苣根搭戈貢佐拉乳酪醬（p.68）
菊苣根2株（約300克）
奶油1小匙
杏仁30克
鮮奶油50毫升
牛奶100毫升
戈貢佐拉乳酪50克
鹽和黑胡椒適量
細香蔥花2大匙

雞胸肉佐馬齒莧與番茄（p.132）
馬齒莧50克
蒜頭1瓣
番茄乾25克（油漬）
奶油起司50克
鹽和黑胡椒適量
雞胸肉2片，每片約200克
菜籽油適量
小番茄150克

焗烤包餡大磨菇（p.70）
大蘑菇4朵（約360克）
紅洋蔥1顆
蔬菜高湯160毫升
布格麥80克
細香蔥1/4把
橄欖油1大匙
奶油起司1大匙

鹽和黑胡椒適量
切達起司粉25克

胡桃南瓜鑲蘑菇（p.72）
胡桃南瓜1顆（約1公斤）
橄欖油3大匙
蒜頭1瓣
紅洋蔥1顆
細香蔥1/4把
蘑菇250克
菠菜葉250克
德式酸奶油150克
鹽和黑胡椒適量
肉豆蔻粉

烤油桃希臘優格（p.26）
油桃2顆
菜籽油1小匙
希臘優格300克
楓糖漿4大匙
麥片60克（例如第8頁的莧菜籽胡桃麥片）
薄荷葉（裝飾用）

綠菜扇貝魚湯（p.128）
茴香球莖1小顆（約225克）
荷蘭豆50克
蒜頭1瓣
洋香芹1/4把
蒜苗250克（清洗乾淨）
茴香籽1小匙
菜籽油適量
魚鮮高湯400毫升
番紅花4小條
扇貝225克
鮮奶油80毫升
檸檬1/2顆榨汁
鹽和黑胡椒適量

賽拉諾火腿捲綠蘆筍（p.78）
綠蘆筍12枝（約400克）
水適量
櫻桃蘿蔔6顆
青醬2小匙

西班牙賽拉諾火腿6片（約100克）
菜籽油1小匙
帕瑪森起司刨薄片1大匙

綠番茄鹹圈王餅（p.76）
斯卑爾脫小麥粉200克
冷藏奶油80克
冷水5大匙
鹽1/2小匙
綠色番茄200克
黑胡椒適量
蛋黃1顆
牛奶2大匙
奶油起司70克
綜合種子1小匙（如南瓜籽、葵花籽等）
青醬2小匙

酥炸薩培肯和哈羅米起司（p.42）
哈羅米起司250克
麵粉20克
薩塔香料1小匙
蛋1顆
日式麵包粉30克
菜籽油適量
洋香芹適量

焗烤覆盆子布里歐麵包（p.196）
奶油布里歐麵包250克
蛋3顆
奶油起司125克
香草精1小匙
牛奶250毫升
蔗糖75克
覆盆子150克
奶油2小匙

義式香腸麵包沙拉（p.52）
喬利佐香腸150克
蒜頭1瓣
義式白麵包150克

細香蔥1/4把
橄欖油2大匙
杏桃醋2大匙
鳳梨汁3大匙
粗粒芥末醬1小匙
芝麻菜50克

櫻桃蘿蔔酪乳冷湯（p.40）
蛋2顆
水適量
細香蔥1/4把
櫻桃蘿蔔1把
小黃瓜1/4根
酪乳500毫升
中辣芥末醬1小匙
法式酸奶油1大匙
鹽和黑胡椒適量
綠花椰芽菜苗25克

甜脆焦糖蘋果塔（p.186）
蘋果400克
紅砂糖1大匙
肉桂粉1/2小匙
焦糖奶油125克
酥皮230克

花生焦糖冰棒（p.198）
鮮奶油400毫升
焦糖奶油100克
牛奶巧克力100克
鹽焙花生仁50克

馬鈴薯餅（p.86）
馬鈴薯500克
水適量
蛋黃1顆
斯卑爾脫小麥粉50克
秀珍菇80克
醃黃瓜60克
紅洋蔥1顆
綜合香草碎末2大匙（如洋香芹、茴芹等）
菜籽油1小匙
肉豆蔻粉適量

鹽和黑胡椒適量

焙烤四季豆馬鈴薯（p.82）
馬鈴薯350克
四季豆200克
青醬2大匙
鹽和黑胡椒適量

丹麥風味馬鈴薯小點心（p.94）
紅洋蔥2顆
菜籽油2大匙
生薑果醬50克
柳橙汁2大匙
裸麥麵包2片（約140克）
奶油起司70克
帶皮馬鈴薯4小顆（約160克）
水煮蛋2顆
青蔥1株
水芥菜2大匙
鹽和黑胡椒適量

旋轉薯塔佐香草奶油（p.98）
馬鈴薯4顆（中等大小，約500克）
橄欖油2大匙
甜椒粉1小匙
鹽和黑胡椒適量
蒜香粉1小匙
黑胡椒1/2小匙
奧勒岡香料1/2小匙
細香蔥花1大匙
酸奶油100克

椰香南瓜湯（p.94）
栗子南瓜750克
紅洋蔥1顆
橄欖油1大匙
椰漿200毫升
蔬菜高湯300毫升
咖哩粉1小匙
薑黃粉1/4小匙
鹽和黑胡椒適量
南瓜籽油2大匙

南瓜籽1大匙

夾心康門貝爾起司伴香草沙拉
（p.100）
康門貝爾起司125克
青醬用香草130克
香草1大匙
番茄紅醬1小匙
奶油起司50克
鹽和黑胡椒適量
紅洋蔥1顆
櫻桃蘿蔔8顆
橄欖油2大匙
巴薩米克白葡萄香醋2大匙
楓糖漿1小匙
杏仁醬2小匙
水2大匙

焗烤地瓜佐庫斯庫斯和紫甘藍
（p.102）
地瓜2大顆（約600克）
庫斯庫斯50克
洋香芹4枝
檸檬汁2小匙
哈里薩辣醬1/2小匙
紫甘藍80克
巴薩米克白葡萄香醋1大匙
菜籽油1小匙
楓糖漿1小匙
碎核桃25克
鹽和黑胡椒適量
酸奶油2大匙
水100毫升

南瓜麵包（p.104）
栗子南瓜250克
橄欖油1大匙
斯卑爾脫全麥麵粉450克
鹽1小匙
乾酵母1小包
溫牛奶200毫升＋牛奶2大匙
甜菜根糖漿1大匙
綜合種子2大匙（如南瓜籽、
葵花籽、芝麻等）

熊蔥腰果醬鮭魚排（p.130）
鮭魚排2片，每片約250克
紅洋蔥1顆
腰果50克
熊蔥綠醬75克
日式麵包粉40克
鹽和黑胡椒適量

鮭魚芝麻菜捲餅（p.108）
中筋麵粉75克
鹽1小撮
蛋1顆
牛奶150毫升
菜籽油少許
細香蔥1/2把
奶油起司100克
辣根奶油醬2小匙
鹽和黑胡椒適量
芝麻菜30克
燻鮭魚125克
黑芝麻1小匙

蒜苗鹹派（p.120）
冷藏奶油50克
脫脂凝乳50克
斯卑爾脫小麥粉100克
鹽1/4小匙
蒜苗1株（約350克）
橄欖油1大匙
蛋2顆
鮮奶油50毫升
法式酸奶油125毫升
鹽和黑胡椒適量

香燉胡蘿蔔小扁豆配荷包蛋
（p.110）
生薑10克
紅洋蔥1顆
芫荽4枝
菜籽油2大匙
孜然粉1小匙
薑黃粉1/2小匙
甜椒粉1小匙
辣椒粉1/2小匙

小扁豆400克（罐頭小扁豆）
番茄丁100克（罐頭亦可）
胡蘿蔔2根
蔗糖1小匙
乾燥波斯萊姆1顆
鹽適量
蛋2顆
優格2大匙

酪梨芒果明蝦沙拉（p.112）
芒果1/2顆
酪梨1顆
番茄2顆
紅洋蔥1顆
紅辣椒1根
芫荽1/4把
萊姆1/2顆榨汁
橄欖油1大匙
明蝦200克，汆燙過
鹽和黑胡椒適量

菠菜芒果牛肉沙拉（p.96）
杏桃醋1大匙
橄欖油2小匙
水2大匙
細香蔥花1大匙
蒜頭1瓣
芒果1/2顆
紅辣椒1根
胡桃25克
牛排肉250克
菜籽油2大匙
嫩菠菜75克
鹽和黑胡椒適量

百香果起司蛋糕（p.200）
中筋麵粉100克
砂糖105克
冷藏奶油50克
冷水2大匙
奶油起司350克
蛋1顆
香草豆莢1枝
牛奶50毫升

香草布丁粉1/2小包（約18克）
百香果2顆
杏桃果醬50克

西班牙風味哈密瓜冷湯
（p.32）
哈密瓜750克
橘色甜椒1/2顆
番茄汁100毫升
冰塊1把
塔巴斯科辣醬2滴
鹽和黑胡椒適量
菲達起司60克
核桃30克
薄荷葉適量

莫斯科騾子（p.216）
冰塊10顆
伏特加120毫升
萊姆1顆榨汁
薑汁汽水400毫升
小黃瓜70克
薄荷1枝

印度芝麻菜烤餅佐油桃
（p.116）
斯卑爾脫小麥粉200克
泡打粉2小匙
砂糖1小撮
鹽1/4小匙
優格160克
菜籽油少許
奶油起司100克
油桃2顆
芝麻菜25克
碎核桃25克
苜蓿芽2大匙
鹽和黑胡椒適量

柳橙荷蘭豆塔希勒沙拉
（p.136）
藜麥125克
水300毫升
荷蘭豆100克

柳橙1顆
青蔥4株
鹽焙花生仁2大匙
水煮蛋2顆
柳橙汁4大匙
菜籽油2大匙
楓糖漿2小匙
中辣芥末醬2小匙
巴薩米克白葡萄香醋2小匙
鹽和黑胡椒適量

亞洲風味小扁豆湯（p.58）
洋蔥1顆
蒜頭1瓣
胡蘿蔔2根
青蔥4株
洋香芹1/4把
菜籽油1大匙
哈里薩辣醬2小匙
甜椒粉2小匙
番茄泥3大匙
孜然粉1小匙
多香果粉1/4小匙
熟小扁豆800克（可用罐頭小
扁豆）
蔬菜高湯250毫升

鬆餅（p.20）
斯卑爾脫小麥粉100克
鹽1小撮
泡打粉1/2小包
糖粉25克
蛋1顆
牛奶150毫升
菜籽油適量

香烤帕馬森起司櫛瓜（p.138）
櫛瓜2條（約400克）
百里香2枝
橄欖油2大匙
帕瑪森起司粉30克
鹽和黑胡椒適量

鮭魚菠菜義大利麵（p.160）
義大利麵條150克
紅蔥頭1顆
橄欖油1大匙
鮭魚排200克
菠菜葉250克
鮮奶油125毫升
煮麵水5大匙
番茄紅醬2小匙
鹽和黑胡椒適量

燈籠果番茄醬（p.140）
紅洋蔥1顆
橄欖油1大匙
燈籠果200克（去萼葉）
番茄泥拌香草250克
巴薩米克白葡萄香醋50毫升
蔗糖50克
肉桂粉少許、肉豆蔻粉少許、
鹽和黑胡椒適量

香煎西班牙小青椒佐香腸醬汁
（p.142）
西班牙喬利佐香腸100克
蒜頭1瓣
番茄泥1小匙
甜椒粉1/2小匙
小番茄100克
菜籽油1大匙
西班牙小青椒200克
粗粒海鹽少許

綠蘆筍手撕鮭魚堡（p.144）
龍蒿2枝
美乃滋60克
粗粒芥末醬1小匙
中辣芥末醬1小匙
蜂蜜1小匙
菜籽油2大匙
鮭魚排300克
鹽和黑胡椒適量
檸檬汁2滴
綠蘆筍4枝
斯卑爾脫小麥餐包2個

生菜沙拉適量

大黃巧克力瑪芬（p.194）
白巧克力50克
大黃200克
軟化奶油80克
砂糖100克
鹽1小撮
香草豆莢1枝
蛋2顆
中筋麵粉180克
泡打粉1小匙
牛奶50毫升
糖粉適量

牛排佐白腎豆莎莎青醬（p.146）
熊蔥20克
開心果20克
橄欖油4大匙
菜籽油少許
牛排肉2塊，每塊約250克
白腎豆1罐（瀝水後240克）
海鹽適量
黑胡椒適量

牛肉拉麵（p.50）
洋蔥1顆
蒜頭1瓣
有機生薑10克（拇指粗）
荷蘭豆100克
小白菜300克
牛肉200克
芝麻油1大匙
醬油5大匙
粗粒辣椒粉1小匙
麵條120克
水700毫升

酪梨醬香甜菜根薄片（p.106）
甜菜根2小顆
酪梨1顆
檸檬1/2顆榨汁
鹽和黑胡椒適量

細香蔥1/2把
核桃25克
橄欖油1大匙

甜菜鷹嘴豆泥（p.48）
甜菜根1顆（約200克）
蒜頭1瓣
鷹嘴豆瀝乾60克（罐頭）
橄欖油2大匙
帕瑪森起司粉25克
辣根奶油醬2小匙（約20克）
鹽和黑胡椒適量

甜菜根鮭魚配辣根醬（p.148）
蒜頭1瓣
甜菜根汁100毫升
蜂蜜2大匙
醬油2大匙
粗粒辣椒粉1小匙
鮭魚排2片，每片約250克
青蔥2株
菜籽油2大匙
奶油起司2大匙
辣根奶油醬2小匙
黑芝麻1小匙
鹽和黑胡椒適量

紫甘藍濃湯（p.36）
洋蔥1顆
蒜頭1瓣
紫甘藍400克（去莖後約350克）
馬鈴薯200克
菜籽油1大匙
蔬菜高湯500毫升
椰漿200毫升
楓糖漿2大匙
鹽和黑胡椒適量

法式吐司（p.188）
吐司麵包6片
牛軋糖巧克力奶油50克
棉花糖12朵（約75克）
奶油2小匙

綜合莓果100克（如黑醋栗、覆盆子等）

花生醬香沙嗲串（p.150）
雞胸肉500克
蒜頭1瓣
紅辣椒1根
醬油4大匙
味醂2大匙
芝麻油1大匙
鹽焙花生仁25克
椰漿125毫升
花生醬1大匙（約35克）
咖哩醬1小匙（約15克）
蔗糖1小匙
菜籽油適量
竹籤6根（長約20公分）
鹽和黑胡椒適量

異味芒果鷹嘴豆沙拉（p.66）
水煮蛋2顆
青蔥2株
芒果1/2顆
美乃滋50克
泰式甜辣醬1小匙
鷹嘴豆瀝乾240克（罐頭）
玉米粒125克（罐頭）
水芥菜50克
鹽和黑胡椒適量

速成蒜香烤餅（p.84）
斯卑爾脫小麥粉200克
泡打粉2小匙
砂糖1小撮
鹽1/4小匙
優格160克
蒜頭1瓣
洋香芹2枝
橄欖油2大匙
鹽和黑胡椒適量

中東風味細香蔥優格起司（p.54）
細香蔥1/2把

優格500克
鹽和黑胡椒適量

櫻桃巧克力瑪芬（p.182）
砂糖100克
蛋2顆
軟化奶油75克
香草豆莢1枝
鹽1小撮
斯卑爾脫小麥粉100克
可可粉2大匙（約25克）
泡打粉1小匙
黑巧克力140克，切碎
罐頭櫻桃125克
奶油起司175克

巧克力慕斯（p.208）
黑巧克力150克
豆水180毫升（可用鷹嘴豆水）
鮮奶油黏稠劑1小包（不含明膠）
綜合莓果200克
檸檬香蜂草適量

洋牛蒡泥佐香煎蘑菇（p.152）
洋牛蒡500克
檸檬1/2顆榨汁
馬鈴薯1小顆（約80克）
蘑菇150克
紅蔥頭1小顆
奶油2大匙
巴薩米克紅葡萄香醋1大匙
鮮奶油50毫升
洋香芹4枝
鹽和黑胡椒適量
肉豆蔻粉適量

香菇燉全穀大麥（p.154）
乾燥香菇15克
紅蔥頭1小顆
蒜頭1瓣
洋香芹3枝
橄欖油1大匙
全穀大麥100克

白葡萄酒50毫升
蔬菜高湯450毫升
番紅花4小條
帕瑪森起司粉2大匙（約25克）
奶油1大匙（約20克）
檸檬汁2滴
鹽和黑胡椒適量

炒肉醬漢堡（p.156）
蒜頭1瓣
紅辣椒1根
紅洋蔥2顆
菜籽油2大匙
番茄泥1小匙
雞胸肉500克
水150毫升
鳳梨汁180毫升
番茄醬80克
伍斯特醬（英式辣醬油）2大匙
蔗糖2大匙
醬油2大匙
芝麻菜40克
漢堡包4個
艾登起司4片
鹽和黑胡椒適量

全穀大麥蔬菜鍋（p.158）
洋蔥1顆
蒜苗125克
馬鈴薯200克
紅色甜椒1/2顆
綠蘆筍150克
橄欖油1大匙
番茄泥1小匙
甜椒粉2小匙
全穀大麥80克
蔬菜高湯600毫升
碎切番茄200克（可用罐頭）
奧勒岡香料2小匙
鹽和黑胡椒適量

北非風味菠菜燉鍋（p.162）
洋蔥1顆
蒜頭1瓣
洋香芹4枝
橄欖油2大匙
菠菜葉200克
碎切番茄400克（可用罐頭）
巴爾幹紅椒醬2小匙
甜椒粉2小匙
鹽和黑胡椒適量
蛋4顆

茄汁高麗菜捲（p.164）
高麗菜葉6片
紅洋蔥1顆
豬絞肉250克
蛋1顆
麵包粉25克
碎切番茄拌香草400克（可用罐頭）
蔬菜高湯150毫升
鹽和黑胡椒適量
水適量

夏日甜心春捲（p.202）
庫斯庫斯50克
椰漿100毫升
楓糖漿2大匙
草莓125克
奇異果2顆
芒果1/2顆
溫水適量
米紙8張
可可豆碎粒1小匙
泰國羅勒（裝飾用）

中東風味地瓜丸子（p.166）
地瓜225克
鷹嘴豆瀝乾240克
玉米粉75克
孜然粉1/2小匙
巴爾幹紅椒醬3小匙
鹽和黑胡椒適量
水適量

黑芝麻2小匙
菜籽油2大匙

照燒花椰菜（p.90）
白花椰菜280克
蛋1顆
甜椒粉1小匙
薑黃粉1/2小匙
鹽和黑胡椒適量
日式麵包粉25克
青蔥2株
蒜頭1瓣
醬油50毫升
味醂50毫升
米醋1大匙
蔗糖3大匙
白芝麻2小匙

鮪魚橄欖沙拉（p.74）
義大利麵條100克
番茄乾40克（油漬）
小番茄200克
黑橄欖60克
鮪魚罐頭185克（瀝乾水分後約140克）
苜蓿芽1/2把
青醬2大匙
檸檬1/2顆榨汁
鹽和黑胡椒適量

焗烤綠花椰義大利麵餃（p.168）
綠花椰350克
小番茄125克
義大利麵餃250克（可用速食料理包）
法式酸奶油100克
牛奶50毫升
蛋1顆
熊蔥綠醬1大匙（約25克）
鹽和黑胡椒、肉豆蔻粉適量
莫札瑞拉乳酪80克

葡萄沙拉佐帕瑪森起司醬（p.88）
帕瑪森起司粉20克
蒜頭1瓣
法式酸奶油1大匙（約25克）
優格1大匙（約25克）
牛奶3大匙
檸檬汁1大匙
鹽和黑胡椒適量
紅葡萄150克
小蘋果1顆
松子1大匙
羊萵苣250克

菠菜荷蘭醬烤扇貝（p.170）
扇貝10個（已去殼，約225克）
融化的奶油70克
蛋黃2顆
法式酸奶油1大匙（約25克）
乾型氣泡酒2大匙
鹽適量
彩色胡椒適量
檸檬汁1滴
紅蔥頭1顆
奶油1大匙
菠菜葉150克

炸鮮蝦餛飩（p.172）
蒜頭1瓣
蝦仁50克
青蔥2株
豬絞肉250克
醬油2大匙
太白粉2小匙
菜籽油500毫升
餛飩皮36張（每張約9 X 10公分）
水6小匙

西瓜羅勒雞尾酒（p.218）
西瓜1小顆（約1.5公斤）
紅石榴氣泡酒750毫升
羅勒3枝

碎冰塊適量

土耳其式菠菜尤夫卡餅小點（p.174）
酥皮或尤夫卡餅皮6片（大小約30 x 31公分）
紅洋蔥1顆
蒜頭1瓣
小番茄150克
菲達起司125克
菜籽油2大匙
菠菜葉150克
蛋4顆
鮮奶油125毫升
鹽和黑胡椒粉
牛奶3大匙

櫛瓜碎肉義式麵鍋（p.176）
洋蔥1顆
櫛瓜1條（約275克）
橄欖油1大匙
混合絞肉250克（牛豬肉各半）
黃豆仁150克
牛肉高湯500毫升
義大利螺紋水管麵150克
太白粉1小匙
奶油起司1大匙（約35克）
奧勒岡香料1/2小匙
鹽和黑胡椒適量
水適量

櫛瓜奶油濃湯（p.88）
馬鈴薯200克
胡蘿蔔200克
櫛瓜400克
洋蔥1顆
菜籽油2大匙
蔬菜高湯500毫升
鮮奶油100毫升
鹽和黑胡椒適量
麵包脆餅2片

營養成分表

料理名稱	熱量（大卡）	蛋白質（克）	脂肪（克）	碳水化合物（克）
莧菜籽胡桃麥片（p.16）	305	5.1	20.8	20.6
蘋果豆泥沾醬（p.46）	86	2.6	4.0	8.2
蘋果山羊奶起司開胃麵包（p.38）	563	21.4	13.1	85.1
朝鮮薊起司三明治（p.178）	320	16.4	12.1	32.0
亞洲風味蒜香明蝦（p.56）	235	35.5	8.3	4.2
亞洲風味蝦仁炒飯（p.118）	560	45.4	15.3	56.8
酪梨貝果（p.14）	397	12.3	13.3	54.6
熊蔥烘蛋（p.22）	324	25.5	12.2	27.3
熊蔥辮子脆餅（p.60）	190	2.7	11.9	17.5
莓果塔（p.206）	447	7.5	25.4	44.0
戈貢佐拉乳酪烤香梨（p.62）	264	7.7	25.4	1.5
花椰菜拌飯（p.124）	585	23.5	38.7	27.6
紐奧良風味香烤雞腿（p.122）	388	23.4	31.5	2.8
巧克力熱飲（p.212）	319	9.8	20.2	22.8
巧克力脆片餅乾冰淇淋三明治（p.190）	329	4.9	18.7	33.6
肉桂麵包（p.18）	281	6.4	11.2	37.8
斯卑爾脫小麥玉米麵包（p.28）	156	5.2	1.1	29.7
		21.3	28.5	20.1
夢幻草莓餅乾點心（p.204）	288	10.2	13.3	29.7
草莓摩希多特調飲（p.214）	244	0.5	0.2	25.5
麥片草莓冰淇淋（p.192）	194	5.6	7.1	25.2
奶酥百里香草莓點心杯（p.184）	314	4.0	11.0	46.8
花生地瓜咖哩湯（p.134）	471	14.9	30.2	32.9
茴香葡萄柚沙拉（p.92）	207	4.3	7.7	22.6
小魚餅（p.64）	88	8.6	4.3	3.4
肉丸南瓜泥（p.126）	307	17.8	17.2	19.8

料理名稱	熱量（大卡）	蛋白質（克）	脂肪（克）	碳水化合物（克）
法蘭克福青醬（p.44）	341	23.3	12.1	14.7
燻鮭伴酪梨（p.24）	240	13.4	18.5	3.7
香煎菊苣根搭戈貢佐拉乳酪醬（p.68）	328	12.5	26.6	7.7
雞胸肉裹馬齒莧與番茄（p.132）	257	44.8	5.7	5.0
焗烤包餡大蘑菇（p.70）	325	19.3	12.8	30.3
胡桃南瓜鑲蘑菇（p.72）	354	6.5	20.7	5.5
烤油桃希臘優格（p.26）	474	9,3	22.7	56.4
綠葉扇貝魚湯（p.128）	175	12.2	10.5	5.6
賽拉諾火腿捲綠蘆筍（p.78）	270	17.2	17.8	11.8
綠番茄國王餅（p.76）	762	21.6	41.3	73.1
酥炸薩塔香料哈羅米起司（p.42）	528	31.1	35.3	20.7
焗烤覆盆子布里歐麵包（p.196）	414	16.5	11.5	57.8
義式香腸麵包沙拉（p.52）	606	24.5	40.0	33.0
櫻桃蘿蔔酪乳冷湯（p.40）	201	18.0	8.8	13.9
翻轉焦糖蘋果塔（p.186）	213	1.7	10.3	27.6
花生焦糖冰棒（p.198）	320	4.4	25.2	18.2
馬鈴薯餅（p.86）	113	3.3	1.9	18.8
焙烤四季豆馬鈴薯（p.82）	206	5.9	8.0	24.5
丹麥風味馬鈴薯小點心（p.94）	425	17.2	14.5	55.8
旋轉薯塔佐香草奶油（p.98）	186	2.5	12.0	15.8
椰香南瓜湯（p.34）	261	4.7	21.6	11.4
夾心康門貝爾起司伴香草沙拉（p.100）	362	22.3	25.4	8.2
焗烤地瓜佐庫斯庫斯和紫甘藍（p.102）	507	10.4	16.6	76.1
南瓜麵包（p.104）	249	9.1	4.8	39.2
熊蔥腰果醬鮭魚排（p.130）	690	66.3	36.2	23.4
鮭魚芝麻菜捲餅（p.108）	530	34.4	26.9	35.4
蒜苗鹹派（p.120）	377	11.2	25.6	22.9
香燉胡蘿蔔小扁豆配荷包蛋（p.110）	511	26.3	21.5	46.3

料理名稱	熱量 （大卡）	蛋白質 （克）	脂肪 （克）	碳水化合物 （克）
酪梨芒果明蝦沙拉（p.112）	286	14.8	16.4	17.2
菠菜芒果牛肉沙拉（p.92）	458	30.3	30.1	13.6
百香果起司蛋糕（p.200）	269	10.1	8.3	38.1
西班牙風味哈密瓜冷湯（p.32）	412	11.2	16.5	49.5
莫斯科騾子（p.216）	233	0.3	0.0	21.2
印度芝麻菜烤餅佐油桃（p.116）	275	12.7	5.1	42.0
柳橙荷蘭豆塔布勒沙拉（p.130）	614	22.2	29.1	58.8
亞洲風味小扁豆湯（p.58）	276	15.0	6.0	34.0
鬆餅（p.20）	36.0	1.3	0.7	5.7
香烤帕瑪森起司櫛瓜（p.138）	119	4.3	10.0	2.2
鮭魚菠菜義大利麵（p.160）	688	36.3	33.9	57.5
燈籠果番茄醬（p.140）	62	0.8	1.8	9.9
香煎西班牙小青椒佐香腸醬汁（p.142）	351	13.2	27.6	7.6
綠蘆筍手撕鮭魚堡（p.144）	686	39.2	43.8	33.2
大黃巧克力瑪芬（p.194）	176	3.3	8.0	22.2
牛排佐白腎豆莎莎青醬（p.146）	732	66.5	39.7	22.7
牛肉拉麵（p.50）	536	34.6	14.8	60.5
酪梨醬香甜菜根薄片（p.102）	260	3.6	23.0	8.1
甜菜鷹嘴豆泥（p.48）	136	4.1	10.1	6.7
甜菜根鮭魚配辣根醬（p.148）	535	61.0	24.0	17.6
紫甘藍濃湯（p.36）	205	3.9	13.1	17.9
法式吐司（p.188）	487	9.6	14.5	74.2
花生醬香沙嗲串（p.150）	354	31.0	21.1	9.4
辣味芒果鷹嘴豆沙拉（p.66）	520	18.4	29.4	38.3
速成蒜香烤餅（p.84）	261	8.0	8.1	37.5
中東風味細香蔥優格起司（p.54）	88	5.0	4.7	5.5
櫻桃巧克力瑪芬（p.182）	216	5.4	11.9	20.3
巧克力慕斯（p.208）	244	3.8	16.4	17.1

料理名稱	熱量（大卡）	蛋白質（克）	脂肪（克）	碳水化合物（克）
洋牛蒡泥佐香煎蘑菇（p.152）	391	7.9	23.8	13.2
香菇燉全穀大麥（p.154）	448	14.9	25.0	38.3
炒肉醬漢堡（p.156）	317	31.0	12.6	19.1
全穀大麥蘆筍鍋（p.158）	185	5.5	4	29
北非風味菠菜燉鍋（p.166）	185	17.0	25.0	9.3
茄汁高麗菜捲（p.164）	506	32.1	32.4	18.5
夏日甜心春捲（p.202）	406	5.0	9.6	68.8
中東風味地瓜丸子（p.166）	64	1.7	2.6	7.6
照燒花椰菜（p.90）	294	13.0	5.1	45.0
鮪魚橄欖沙拉（p.74）	414	27.7	12.5	43.0
焗烤綠花椰義大利麵餃（p.168）	670	29.0	23.4	76.4
葡萄沙拉佐帕瑪森起司醬（p.80）	248	10.0	9.4	26.1
菠菜荷蘭醬烤扇貝（p.170）	526	25.7	46.2	2.1
炸餛飩（p.172）	88	3.6	6.4	3.6
西瓜羅勒調酒（p.218）	109	1.4	0.4	23.0
土耳其式菠菜尤夫卡餅小點（p.174）	133	4.9	10.0	5.3
櫛瓜碎肉義式麵鍋（p.176）	390	25.1	15.3	36.6
櫛瓜奶油濃湯（p.88）	287	6.4	18.6	22.1

Ciel

無字食譜：
圖解100道簡易又健康的料理，
從開胃菜、主菜到甜點、飲料，讓你優雅地完成一桌美食

作　　者—莎碧瑞娜‧蘇‧達尼爾斯（Sabrina Sue Daniels）
譯　　者—黃慧珍
發 行 人—王春申
選書顧問—林桶法、陳建守
總 編 輯—張曉蕊
責任編輯—邱靖絨、廖雅秦
校　　對—楊蕙苓
封面設計—萬勝安
內頁排版—菩薩蠻電腦科技有限公司

行銷組長—張家舜
影音組長—謝宜華
業務組長—何思頓
出版發行—臺灣商務印書館股份有限公司
地址：23141 新北市新店區民權路 108-3 號 5 樓（同門市地址）
電話：(02)8667-3712 傳真：(02)8667-3709
讀者服務專線：0800056193 郵撥：0000165-1
E-mail：ecptw@cptw.com.tw
網路書店網址：www.cptw.com.tw Facebook：facebook.com.tw/ecptw

局版北市業字第 993 號
初版一刷：2021 年 4 月
印刷廠：鴻霖印刷傳媒股份有限公司
定價：新台幣 450 元

國家圖書館出版品預行編目(CIP)資料

無字食譜：圖解100道簡易又健康的料理,從開胃菜、主菜到
甜點、飲料,讓你優雅地完成一桌美食/莎碧瑞娜.蘇.達尼爾
斯(Sabrina Sue Daniels)著；黃慧珍譯. -- 初版. -- 新北市：
臺灣商務印書館股份有限公司, 2021.04
　　面；　公分. -- (Ciel)
譯自：Kochen ohne Worte：100 einfache Gerichte für jeden
Tag - auf einen Blick erklärt
ISBN 978-957-05-3306-4(平裝)

1.食譜

427.1　　　　　　　　　　　　　　　　110001459